FX 系列 PLC 的链接通信及 VB 图形监控

郭昌荣　编著
吴作明　改编

北京航空航天大学出版社

内 容 简 介

本书以日本三菱电动机有限公司生产的 FX 系列 PLC 为参考机型。从实际应用角度出发,通过典型的工程实例,系统地介绍了 PLC 常用的网络功能、EXCEL 下的监控功能及应用 VB 实现图形监控功能等内容。理论联系实际,注重实用,使读者能够举一反三,掌握 PLC 控制及图形监控的基础核心内容。

本书针对性强,强调实践,可操作性好。可作为高职院校及高等工科院校电气工程、自动化、机电一体化及相关专业的教学用书,也可作为从事 PLC 设计开发及现场维护的工程技术人员的参考资料。

图书在版编目(CIP)数据

FX 系列 PLC 的链接通信及 VB 图形监控/郭昌荣编著. —北京:北京航空航天大学出版社,2008.5
ISBN 978-7-81124-179-2

Ⅰ. F… Ⅱ.①郭… Ⅲ.可编程序控制器 Ⅳ.TN332.3

中国版本图书馆 CIP 数据核字(2007)第 204876 号

原书名《FX 系列 PLC 之连线通讯及 VB 图形监控》。本书中文简体字版由台湾全华科技图书股份有限公司独家授权。仅限于中国大陆地区出版发生,不含台湾、香港、澳门。

©2008,北京航空航天大学出版社,版权所有。

未经本书出版者书面许可,任何单位和个人不得以任何形式或手段复制或传播本书及其所附光盘内容。

侵权必究。

北京市版权局著作权全国登记号图字:01-2007-3597

FX 系列 PLC 的链接通信及 VB 图形监控

郭昌荣　编著
吴作明　改编
责任编辑　董立娟

*

北京航空航天大学出版社出版发行
北京市海淀区学院路 37 号(100083)　发行部电话:010-82317024　传真:010-82328026
http://www.buaapress.com.cn　E-mail:bhpress@263.net
涿州市新华印刷有限公司印装　各地书店经销

*

开本:787×1092　1/16　印张:19　字数:486 千字
2008 年 5 月第 1 版　2008 年 5 月第 1 次印刷　印数:5 000 册
ISBN 978-7-81124-179-2　定价:39.00 元(含光盘 1 张)

前言

FX系列PLC因具有体积小、价格适中、响应时间短及丰富的扩展模块的优点,故广泛用于各行各业及学校教学。在笔者工作的场合中,大多使用三菱FX系列PLC或士林AX系列PLC。两者在功能及外观尺寸上是一致的(如三菱FX2N-32MR与士林AX2N-32MR相同,两者的扩展模块可以互换),只是制造商不同。本书主要介绍三菱FX系列的PLC。

PLC常常作为控制单台机器的主控制器,且可扩展多功能的扩展模块,如A/D及D/A模块、位置控制模块及高速脉冲控制模块,所以PLC可作为多样式的控制器。现今各产业为降低设备投资及管理成本都利用链接、通信及计算机监控来提升设备性能并降低设备成本,所以PLC的链接、通信及计算机监控的应用市场前景很好。本书将针对上述的应用详细介绍,主要内容包括:

第一篇:链接运行。本篇主要介绍PLC如何用于并行链接(parallel link)及网络链接(N:N network)的运行,其适用于FX全系列的PLC。

第二篇:串行口的通信。本篇主要介绍PLC如何以无协议通信(no protocol communication)方式来用于计算机、条码扫描仪、打印机及各种具有RS通信功能的仪表进行串行通信,其适用于FX2N及FX2NC的PLC。另外,本篇也介绍了232IF模块的通信,其适用于FX1N、FX2N及FX2NC的PLC。

第三篇:EXCEL下的监控。本篇主要介绍了PLC如何以程序书写口(optional programming port)与计算机完成EXCEL下的监控,其适用于FX全系列的PLC。

第四篇:VB图形监控系统。本篇主要介绍了PLC如何以计算机通信(computer link)的形式与计算机进行集中式的图形监控,其适用于FX全系列的PLC。

本书各篇的学习重点如下所示。

第一篇:链接运行。
① PLC链接运行的硬件配置。
② PLC链接运行的程序设计。

第二篇:串行口的通信。
① RS-232串行口的通信方法。
② PLC串行通信的硬件配置。

③ PLC 与计算机的串行通信。
④ PLC 与条码读取机的串行通信。

第三篇：EXCEL 下的监控。
① 三菱 SW3D5F－CSKP－E 软件的使用方法。
② 三菱 SW3D5F－OLEX－E 软件的使用方法。

第四篇：VB 图形监控系统。
① VB 的 MSComm 元件的使用方法。
② PLC 与计算机的协议通信。
③ PLC 监控系统的建立方法。
④ 可视化图形监控系统的建立方法。
⑤ VB 的 Winsock 控制项的使用方法。
⑥ 网络化监控系统的建立方法。

本书 PLC 软件所需程序请咨询中国台湾能麒企业公司，电话：886-02-2298-1399，软件编号：SW3D5F－CSOLEX－E。

注：本书为繁转简图书，书中部分窗口图中文字为繁体字，请读者对照正文理解。——编者按

目 录

第一篇 链接运行

第1章 概 述 …………………………………………………………………… 3
第2章 PLC 的并行链接运行 ………………………………………………… 5
  2.1 使用范围 ………………………………………………………………… 5
  2.2 模块的选择及配线方式 ………………………………………………… 6
    2.2.1 模块的选择 ……………………………………………………… 6
    2.2.2 配线方式 ………………………………………………………… 8
  2.3 程序设计及实例分析 …………………………………………………… 10
第3章 PLC 的网络运行 ……………………………………………………… 14
  3.1 研究背景 ………………………………………………………………… 14
  3.2 模块的选择及配线方式 ………………………………………………… 15
    3.2.1 模块的选择 ……………………………………………………… 15
    3.2.2 配线方式 ………………………………………………………… 15
  3.3 程序设计及实例分析 …………………………………………………… 17

第二篇 串行口的通信

第4章 前 言 …………………………………………………………………… 27
第5章 串行通信 ……………………………………………………………… 28
  5.1 串行通信的电气规范 …………………………………………………… 28
  5.2 ASCII 码 ………………………………………………………………… 29
  5.3 串行口的引脚定义 ……………………………………………………… 30
  5.4 RS-485 及 RS-422 的串行通信 ……………………………………… 31
  5.5 串行通信的参数 ………………………………………………………… 32
  5.6 错误的预防 ……………………………………………………………… 34
第6章 无协议通信 …………………………………………………………… 36
  6.1 指令的应用 ……………………………………………………………… 36
  6.2 模块的选择及配线方式 ………………………………………………… 39
  6.3 通信参数的设置 ………………………………………………………… 41
  6.4 使用 485 模块的使用实例 ……………………………………………… 46
  6.5 232 模块的使用实例 …………………………………………………… 50
    6.5.1 232 模块的使用 ………………………………………………… 50

  6.5.2 实例分析 ··· 52
第 7 章 232IF 模块的通信 ··· 56
 7.1 配　线 ··· 56
 7.2 缓冲寄存器 ··· 57
 7.3 通信的流程 ··· 63
 7.4 实例分析 ·· 65

第三篇　EXCEL 下的监控

第 8 章 前　言 ·· 71
第 9 章 SW3D5F－CSKP－E 的使用 ··· 73
 9.1 SW3D5F－CSKP－E 的安装 ·· 73
 9.2 SW3D5F－CSKP－E 的使用 ·· 74
第 10 章 SW3D5F－OLEX－E 的使用 ·· 78
第 11 章 监控实例分析 ·· 83
 11.1 单台 PLC 的监控实例 ··· 83
 11.2 8 台 PLC 的监控实例分析 ·· 88
  11.2.1 集中监控的建立 ··· 88
  11.2.2 实例分析 ··· 89
第 12 章　本篇小结 ·· 93

第四篇　VB 图形监控系统

第 13 章　前　言 ·· 97
第 14 章　VB 的概述 ·· 101
 14.1 控　件 ··· 101
 14.2 变　量 ··· 106
 14.3 叙　述 ··· 107
第 15 章　MSComm 元件的介绍 ·· 113
 15.1 MSComm 控制项的引用步骤 ·· 113
 15.2 MSComm 控制项的属性 ·· 114
第 16 章　PLC 计算机通信模式的配线 ·· 117
第 17 章　PLC 的通信 ·· 120
 17.1 通信参数的项目 ·· 120
 17.2 PLC 的通信设置 ·· 121
 17.3 PLC 通信数据的形式 ·· 124
  17.3.1 分　类 ·· 124
  17.3.2 意　义 ·· 126
第 18 章　形式 1 的单元操作 ··· 129
 18.1 PLC 端 ·· 129
 18.2 BR 指令的操作 ··· 130

  18.2.1 VB 端的程序 ……………………………………………………… 130
  18.2.2 通信数据正确时 …………………………………………………… 132
  18.2.3 通信数据错误时 …………………………………………………… 134
 18.3 WR 指令的操作 ………………………………………………………… 135
  18.3.1 VB 端的程序 ……………………………………………………… 135
  18.3.2 通信数据正确时 …………………………………………………… 135
  18.3.3 通信数据错误时 …………………………………………………… 137
 18.4 BW 指令的操作 ………………………………………………………… 137
  18.4.1 VB 端的程序 ……………………………………………………… 137
  18.4.2 通信数据正确时 …………………………………………………… 138
  18.4.3 通信数据错误时 …………………………………………………… 140
 18.5 WW 指令的操作 ………………………………………………………… 141
  18.5.1 VB 端的程序 ……………………………………………………… 141
  18.5.2 通信数据正确时 …………………………………………………… 141
  18.5.3 通信数据错误时 …………………………………………………… 142
 18.6 BT 及 WT 指令的操作 ………………………………………………… 142
 18.7 RR 及 RS 指令的操作 ………………………………………………… 143
 18.8 PC 指令的操作 ………………………………………………………… 145
 18.9 GW 指令的操作 ………………………………………………………… 145
 18.10 PLC 的 On-demand 功能 ……………………………………………… 146
 18.11 TT 指令的操作 ………………………………………………………… 149

第 19 章 形式 4 的单元操作 ……………………………………………… 150
 19.1 PLC 端 …………………………………………………………………… 150
 19.2 VB 端的程序 …………………………………………………………… 151
 19.3 通信数据正确时 ………………………………………………………… 152
 19.4 通信数据错误时 ………………………………………………………… 154

第 20 章 用于监控的程序 …………………………………………………… 156
 20.1 chksum 程序 …………………………………………………………… 158
 20.2 stx_chk 程序 …………………………………………………………… 160
 20.3 hex_doc 程序 …………………………………………………………… 162
 20.4 doc_hex 程序 …………………………………………………………… 163
 20.5 hex_bit 程序 …………………………………………………………… 164
 20.6 hex4_doc_mux 程序 …………………………………………………… 166
 20.7 hex8_doc_mux 程序 …………………………………………………… 168
 20.8 doc_hex4_mux 程序 …………………………………………………… 170
 20.9 doc_hex8_mux 程序 …………………………………………………… 171

第 21 章 读取时机 ……………………………………………………………… 175
 21.1 延迟式 …………………………………………………………………… 175
 21.2 检测式 …………………………………………………………………… 177

21.3　事件式 ··· 178
　　21.4　响应时间 ··· 179
　　　　21.4.1　半双工 ··· 180
　　　　21.4.2　全双工(I) ··· 182
　　　　21.4.3　全双工(II) ·· 183
　　　　21.4.4　比　较 ··· 185

第 22 章　监控系统 ·· 186
　　22.1　循环检测 ··· 186
　　　　22.1.1　半双工时 ·· 186
　　　　22.1.2　全双工(I)时 ·· 188
　　　　22.1.3　全双工(II) ·· 193
　　22.2　接收数据的确认 ·· 195
　　　　22.2.1　半双工时 ·· 195
　　　　22.2.2　全双工(I)时 ·· 196
　　　　22.2.3　全双工(II)时 ··· 196
　　22.3　通信次数的确认 ·· 197
　　　　22.3.1　警示对话框 ··· 197
　　　　22.3.2　警示灯号 ·· 198

第 23 章　控制系统 ·· 201
　　23.1　监控初始的通信确认 ··· 201
　　　　23.1.1　写入指令的应用 ·· 201
　　　　23.1.2　TT 指令的应用 ··· 203
　　23.2　写入位元件的对话框 ··· 204
　　23.3　写入 word 元件的对话框 ··· 208

第 24 章　监控画面的显示 ·· 214
　　24.1　逐步式 ··· 214
　　24.2　管道式 ··· 219

第 25 章　可视化的图形监控 ·· 229
　　25.1　建立监控元件表 ·· 231
　　25.2　图形的建立 ·· 236
　　25.3　VB 监控画面的设计 ·· 238
　　25.4　半双工的图形监控系统 ··· 244
　　25.5　全双工(I)的图形监控系统 ··· 258
　　25.6　全双工(II)的图形监控系统 ·· 259

第 26 章　网络的应用 ··· 263
　　26.1　Winsock 的简介 ·· 263
　　26.2　Winsock 的使用方法 ··· 266
　　　　26.2.1　伺服端 ·· 267
　　　　26.2.2　浏览端 ·· 270

　　　　26.2.3　执　行 …… 272
　26.3　Winsock 与监控系统 …… 272
　　　　26.3.1　伺服端 …… 273
　　　　26.3.2　浏览端 …… 276
　　　　26.3.3　执　行 …… 279
　26.4　网络化的监控实例 …… 279
　　　　26.4.1　伺服端 …… 279
　　　　26.4.2　浏览端 …… 281
　　　　26.4.3　执　行 …… 283
附录 A　本书光盘内容 …… 285
附录 B　ASCII 码表 …… 286
附录 C　各指令的最多元件数 …… 288
附录 D　各指令适用的元件范围 …… 289
附录 E　PLC 形式代码表 …… 290
附录 F　错误码 …… 291
参考文献 …… 292

第一篇　链接运行

第1章　概　述

第2章　PLC的并行链接运行

第3章　PLC的网络运行

第1章 概述

多台计算机可通过网卡及简单的设置达到链接功能。FX 系列 PLC 是一个规范化的控制器,其本身如同计算机一样具有 CPU 及存储器等计算及数据存储单元,所以,只要增加适当的用以通信的扩展模块即可达到多台 PLC 之间的链接功能。在 PLC 的链接运行中,PLC 彼此间的数据是共享的,这一功能主要应用于输出的联锁控制及共同数据的输入。

1. 联锁控制

在多台机器的控制程序上,若有互斥及相依动作时即为 PLC 的联锁控制,如图 1.1 所示。若 A 设备启动电动机时,而 B 设备不得关闭阀门,这样即为互斥动作;若 A 设备的电动机停止后 30 s,则 B 设备的阀门关闭,这样即为相依动作。而多台机器的联锁控制可以利用 PLC 的链接运行功能轻松实现。

2. 相同的信号输入

若多台机器的控制程序有相同的输入信号时,则可利用 PLC 的链接运行功能实现。如当 A、B、C 及 D 机器都需要读取同一气源的压力及温度值时,则可利用 PLC 的链接运行功能来达到共享的功能,从而降低了设备制作成本,如图 1.2 所示。

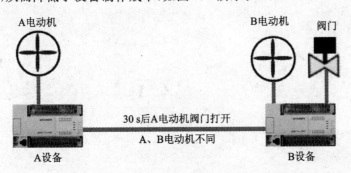

图 1.1 联锁控制

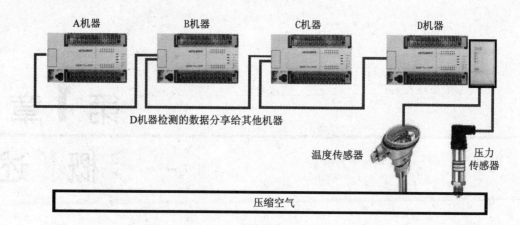

图 1.2　输入数据的共享

　　FX 系列 PLC 的链接运行的模式可分为并行链接运行(parallel link)及网络链接运行(N:N network)两类。其中,并行链接运行仅能支持两台 PLC 的链接,而网络链接运行则可支持 8 台以下的 PLC 链接。

第 2 章

PLC 的并行链接运行

2.1 使用范围

并行链接运行(parallell link)的目的是使得两台 PLC 内的数据寄存器与内部辅助继电器实现资源共享。例如,两台设备需要检测同一空气压力,按照以往的电控设计方式,须在各设备的 PLC 中分别设置一个 A/D 模块及压力传感器,如图 2.1 所示。

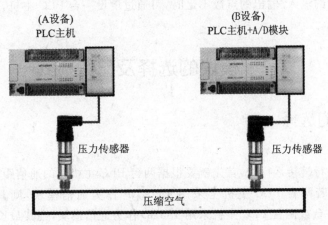

图 2.1 一般方法的控制图

可见,按照以往的电控设计方式需要使用两个 A/D 模块及压力传感器,而且若两设备需要检测压力、温度、电压及电流等较多物理量,则所需要的 A/D 模块及传感器的数量就非常多,使设备制作成本增加。如果 A、B 设备采用并行链接方式,则在控制上就简单多了,如图 2.2 所示。

由图 2.2 可见,若 A、B 设备以通信模块方式(如 485BD)将两台 PLC 连接时,B 设备先检测空气压力,并且利用 A/D 模块将模拟信号转变为数字信号,同时将数字信号写入特定的数据寄存器内(如 D500)。此时,B 设备可读/写数据寄存器内的 D500 的值,且该数值会通过通信模块传输到 A 设备的数据寄存器的 D500 地址内,这样,A 设备也可读取 D500 地址内的值用以程序控制。

上面两个实例中,由于图 2.1 需要使用 2 个 A/D 模块(单价约新台币 8 000 元)及压力传感器(单价约新台币 6 000 元),这所耗的成本需要增加新台币 28 000 元。在图 2.2 中仅需要 1 个 A/D 模块、1 个压力传感器及 2 个 485 通信模块(单价约新台币 800 元),所耗的成本仅需要增加新台币 15 600 元。虽然图 2.2 的电控中成本仅较图 2.1 少了新台币 12 400 元,但若是两设备共同的信号很多时,则两者成本的差异会呈倍数。

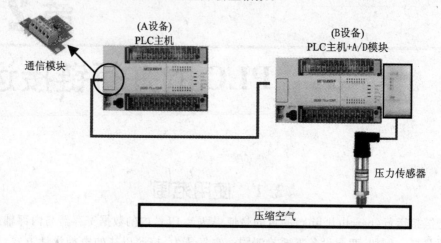

图 2.2　以并行链接运行的控制图

此外,当 PLC 的输入/输出的点数不足时,可通过增设一台 PLC 主机,并利用并行链接运行方式实现该功能。

2.2　模块的选择及配线方式

2.2.1　模块的选择

电控上采用并行链接运行时,首先就要根据两台 PLC 主机间的通信距离选择适当的通信模块。一般而言,若两台 PLC 主机全采用 485ADP 作为通信模块,则其最长通信距离为 500 m;但若其中一台或两台 PLC 主机采用 485BD 作为通信模块,则其最长通信距离为 50 m。但是,在通信线作适当的隔离及保护的情况下,其通信距离可以增加,但增加量无法确定。

适用于并行链接运行的各类型 FX 系列 PLC 扩展通信模块及最大扩展数,如表 2.1 所列。

表 2.1　适用于并行链接运行的通信模块

通信模块	适用主机型号	最大扩展数
1. FX1N-485BD 2. FX2N-485BD	1. FX1N 及 FX1S 2. FX2N	1 台

续表 2.1

通信模块	适用主机型号	最大扩展数
FX0N-485ADP	FX0N 及 FX2NC 备注：用网络链接运行时，FX0N 需 V2.00 版以上	1 台
FX0N-485ADP+FX1N-CNV-BD	FX1S 及 FX1N	1 台
FX0N-485ADP+FX2N-CNV-BD	FX2N	1 台

根据通信距离选择适当的通信模块后，就要选择适当的通信方式。一般的机电控制中，分为全双工和半双工两种通信方式。两者的差异体现在通信配线数、通信速度及 PLC 的数据寄存器与内部辅助继电器的分享数方面。

1. 全双工

(1) 通信线数

全双工采用 RS-422 的通信方式，必须用 4 条通信线连接两者的通信模块，所以线路成本较高。

(2) PLC 的数据寄存器与内部辅助继电器的分享数

采用全双工配线必须将 PLC 的特殊内部辅助继电器 M8162 设置为 ON 状态，从 PLC 内部通信系统来看，即为高速通信模式。此时仅有 D490、D491、D500 及 D501 这 4 个数据寄存器具有数据共享的功能，因此响应时间较短。

(3) 通信速度

全双工通信方式下，传送与接收的线路采取分离的方式，所以每次传送与接收的通信时间小于半双工的通信时间，约为 20 ms。

2. 半双工

(1) 通信线数

半双工采用 RS-485 的通信方式，仅需要两条通信线连接两者的通信模块，所以线路成本较低。

(2) PLC的数据寄存器与内部辅助继电器的分享数

采用半双工配线必须将PLC的特殊内部辅助继电器M8162设置为OFF状态,从PLC内部通信系统来看,即为一般通信速度模式,并且自动将两台PLC的内部辅助继电器M800及M999与数据寄存器D490~D509共享。

(3) 通信速度

半双工的通信方式下,传送与接收的线路为共用形式,所以每次传送与接收的通信时间大于全双工的通信时间;并且采用半双工的一般通信速度模式时,因共享的数据量比全双工方式多,所以其通信的数据量大、响应时间比全双工方式长,约为70 ms。

在一般的机电控制中,采用半双工的通信方式比全双工的通信方式多;但对于需要快速响应的情况,则采用全双工的通信方式。在确定采用适当的通信方式后,接下来即为通信线的配线。在通信配线中,需要接入终端电阻,而这些终端电阻是通信模块的附属品,所以不需要另外购买。下面就来介绍各种通信模块配线方式。

2.2.2 配线方式

下面以485ADP与485BP的配线为例,详细介绍适用于不同通信距离的配线方式。

① 适用于通信距离为500 m以下485ADP与485ADP的配线的通信,其配线如图2.3所示。

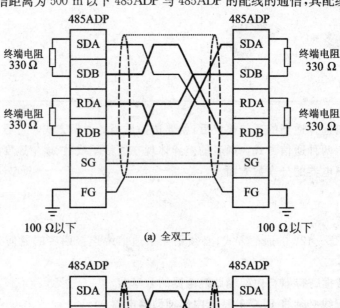

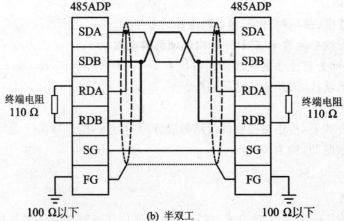

图2.3 适用于500 m以下通信的485ADP与485ADP并行链接运行的配线图

② 适用于通信距离为 50 m 以下通信的 485ADP 与 485BD 的配线,其配线如图 2.4 所示。

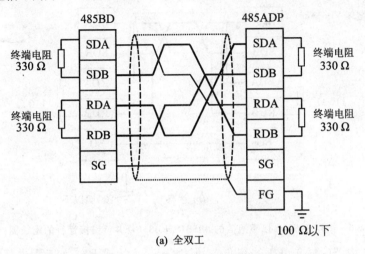

(a) 全双工

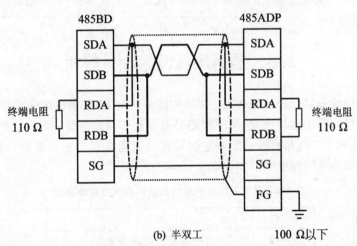

(b) 半双工

图 2.4 适用于 50 m 以下通信的 485ADP 与 485BD 并行链接运行的配线图

③ 适用于通信距离为 50 m 以下的通信的 485BD 与 485BD 的配线,其配线如图 2.5 所示。

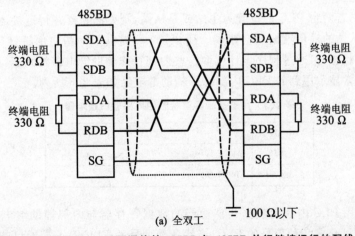

(a) 全双工

图 2.5 适用于 50 m 以下通信的 485BD 与 485BD 并行链接运行的配线图

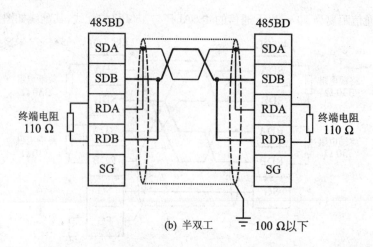

(b) 半双工

图 2.5 适用于 50 m 以下通信的 485BD 与 485BD 并行链接运行的配线图(续)

在上列各图中,SG 线是电压的基准位,但因 RS-422 或 RS-485 无电压的基准位,所以 SG 线可以不用连接。

2.3 程序设计及实例分析

设备的通信模块安装及配线完成后,接下来就要编写 PLC 主机内的程序。编写程序时,因为采用并行链接运行的通信形式,所以程序的起始处必须先声明一些所需要的参数,而这些参数的设置是根据 PLC 内部特殊辅助继电器或特殊数据寄存器来设置的。这些用于并行链接运行设置的内部特殊辅助继电器如表 2.2 所列。

表 2.2 用于并行链接运行设置的内部辅助继电器

M 位	意 义
M8070	设置为主站(STOP→RUN 清除型)
M8071	设置为从站(STOP→RUN 清除型)
M8162	高速通信模式

声明完成后,若两台 PLC 都设置为主站或是从站,则无法建立并行链接运行;而且通信线断线时,主站与从站的通信数据就会错误。所以,PLC 提供了一些内部特殊辅助继电器用于表示上述异常的状态,可通过程序设计读取这些内部特殊辅助继电器的状态,用以异常的警示或处理。上述异常显示用到的 PLC 内部特殊辅助继电器如表 2.3 所列。

表 2.3 用于显示异常状态的内部辅助继电器

M 位	意 义
M8072	链接运行中
M8073	M8070、M8071 设置不良

接下来要利用 PLC 内具有数据共享功能的数据寄存器与内部辅助继电器。FX 系列的 PLC 因功能不同可分成各种型号的 PLC,当然各种型号的 PLC 除了扩展口的差异外,最重要

的就是数据寄存器与内部辅助继电器的数量差异。从 FX 系列的 PLC 看,数据寄存器与内部辅助继电器的共享区域及数量可分为两种,下面分别叙述其差异。FX2N、FX2NC、FX1N 及 FX2C 型号的数据寄存器与内部辅助继电器的分享区域及数量,如图 2.6 所示。

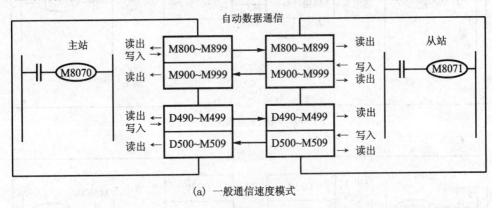

图 2.6 FX2N、FX2NC、FX1N 及 FX2C 的数据通信内容

在图 2.6 中的一般通信速度模式下,主站可写入 M800 为 ON 状态(如 LD M8000;OUT M800),此时主站的 M800 状态会通过通信线自动传送至从站,并且通过从站的 M800 表示出来,这样在从站中可读取 M800 用于程序控制(如 LD M800;OUT Y0);图 2.6 中其他的数据寄存器与内部辅助继电器的使用方法也是相同的。

FX1S 及 FX0N 的数据寄存器与内部辅助继电器的分享区域及数量如图 2.7 所示。

在图 2.7 中的高速通信模式下,主站可写入 D240 为 100 状态(如 LD M8002;MOV K100 D240),此时主站的 D240 状态会通过通信线自动传送至从站,并且通过从站的 D240 表示出来,这样在从站中可读取 D240 用于程序控制(如 LD X1;OUT T1 D240);图 2.7 中其他的数据寄存器与内部辅助继电器的使用方法也是相同的。

对于 FX 系列的并行链接运行的模式已作了一定程度的说明,下面将通过简单的实例来介绍一般通信速度模式及高速通信模式。

假设有两台 FX2N 的 PLC 作并行链接运行,其动作内容如下:

① 主站的 X0 接一个压力开关,当压力开关动作时,主站与从站都计时后警报,Y0 接警报器。

② 计时时间以从站为准,且主站计时时间为从站的 2 倍。

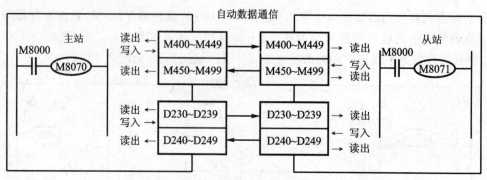

(a) 一般通信速度模式

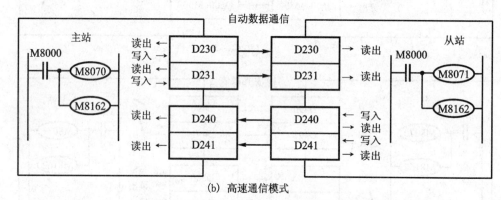

(b) 高速通信模式

图 2.7 FX1S 及 FX0N 的数据通信内容

上述实例可利用并行链接运行进行程序设计,其程序设计的梯形图如图 2.8 所示。

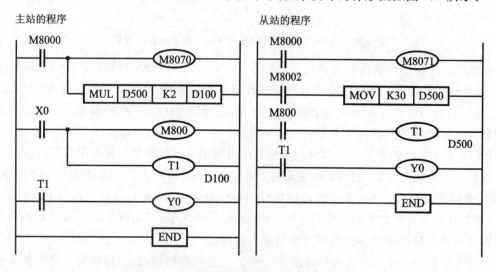

图 2.8 一般通信速度模式下的程序设计梯形图

在上例中,若采用高速通信模式时,因为没有内部辅助继电器用于数据的通信,所以,主站必须利用传送指令(MOVE)将 X0 的动作变为数据类型,并写入用于数据通信的数据寄存器内,这样从站就可用比较指令(CMP)来得知主站的 X0 是否发生动作,其程序设计的梯形图如图 2.9 所示。

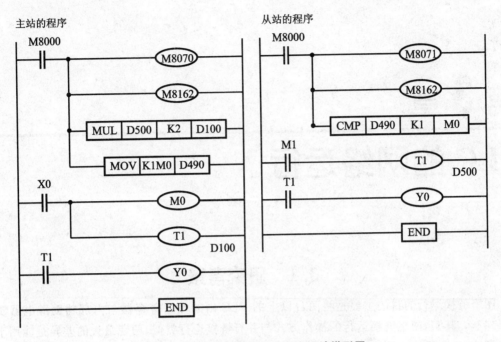

图 2.9 高速通信模式下的程序设计梯形图

第3章
PLC 的网络运行

3.1 研究背景

网络链接运行的目的主要是将两台以上的 PLC 内的数据寄存器与内部辅助继电器实现数据共享。其实,网络链接运行的操作方式与并行链接运行类似,两者最大的差异是能用于数据共享的 PLC 元件数量的不同;并行链接运行仅能实现两台 PLC 主机间的数据共享,而网络链接运行可以允许 8 台以下的 PLC 主机的数据实现共享。

例如有 4 台设备需要检测同一空气压力,按照以往的电控设计方式,须为各设备的 PLC 分别设置一个 A/D 扩展模块及压力传感器,如图 3.1 所示。

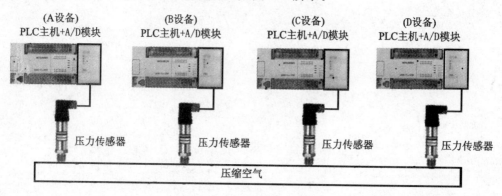

图 3.1　一般方法的控制图

由图 3.1 可见,其电控方式需要使用 4 个 A/D 模块及压力传感器,且若是两设备需要检测压力、温度、电压及电流等较多物理量,则检测所需要的 A/D 模块及传感器的数量非常多,不仅使设备制作成本增加,而且会增加日后维修的成本。如果将 A、B、C 及 D 设备使用网络链接运行,则在控制上就简单多了,其控制图如图 3.2 所示。

由图 3.2 可见,若 A、B、C 及 D 设备以通信模块(如 485BD)将各台 PLC 连接时,D 设备先检测空气压力,并且利用 A/D 模块将模拟信号转变为数字信号,同时将数字信号写入特定的数据寄存器内(如 D40)。此时,D 设备可读/写数据寄存器内地址为 D40 的值用以程序控制,并且该数值会通过通信模块传输到 A、B 及 C 设备的数据寄存器的 D40 地址内,这样 A、B 及

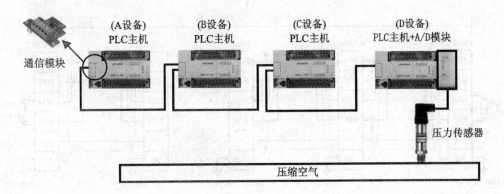

图 3.2 以网络链接运行的控制图

C设备也可读取D40地址内的值用以程序控制。

上面两个实例中,由于图3.1需要使用4个A/D模块(单价约新台币8 000元)及压力传感器(单价约新台币6 000元),这所耗的成本需增加新台币56 000元,即在图3.2中仅需要1个A/D模块、1个压力传感器及4个485通信模块(单价约新台币800元),所耗的成本仅需增加新台币17 200元。图3.2的电控中,其成本较图3.1少了新台币38 800元,且若是这4台设备共同的信号很多,则以网络链接运行作为电控的主架构,就可大幅降低设备的制作成本及减少日后维修上的困难。

3.2 模块的选择及配线方式

3.2.1 模块的选择

电控上采用网络链接运行时,首先就要根据多台PLC主机间的通信距离选择适当的通信模块。一般而言,若PLC主机全采用485ADP作为通信模块,则最长通信距离为500 m;但若其中一台或全部PLC主机采用485BD作为通信模块,则其最长通信距离为50 m。但是,在通信线作适当的隔离及保护的情况下,其通信距离可以增加,但增加量无法确定。

各类型的FX系列PLC网络链接运行时,其适用的扩展通信模块同表2.1所列。

根据通信距离选择适当的通信模块后,就要选择适当的通信的配线方式,而网络链接运行仅适于半双工的通信配线方式。此外,通信配线需要接入终端电阻,而这些终端电阻为通信模块的附属品,所以不需要另外购买。下面就来介绍各种通信模块配线方式。

3.2.2 配线方式

下面以485ADP及485BD通信模块的配线为例,详细介绍适用于不同通信距离的配线方式。

① 适用于全部以485ADP为通信模块、通信距离为500 m以下的通信,其配线如图3.3所示。

② 适用于通信距离为50 m以下的、部分以485BD通信模块的配线通信,其配线如图3.4所示。

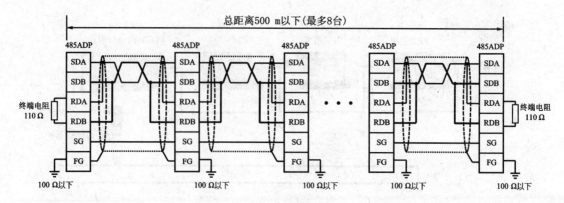

图 3.3　全以 485ADP 网络链接运行的配线图

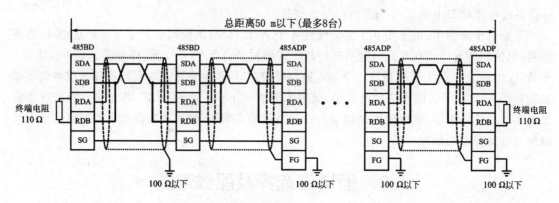

图 3.4　部分以 485BD 网络链接运行的配线图

③ 适用于通信距离为 50 m 以下的、全部都以 485BD 通信模块的配线通信,其配线如图 3.5 所示。

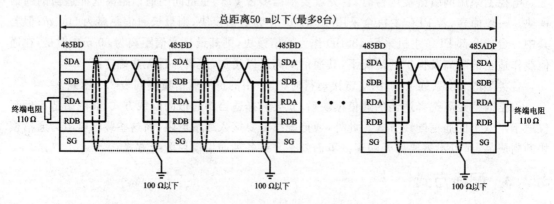

图 3.5　全以 485BD 网络链接运行的配线图

在上列各图中,SG 线是电压的基准位,但因 RS-422 或 RS-485 无电压的基准位,所以 SG 线可以不用连接。

3.3 程序设计及实例分析

设备的通信模块安装及配线完成后,接下来就要编写 PLC 主机内的程序。在写程序时,因为采用网络链接运行的模式,所以程序的起始处必须先声明一些网络链接运行所需要的参数,而这些参数的设置是根据 PLC 内部特殊辅助继电器或特殊数据寄存器来设置的。

声明完成后,若有两台 PLC 都设置为主站或站号均为 3 号,则无法建立网络链接运行;而且通信线断线时,在主站与各从站的通信数据就会错误,所以 PLC 提供了一些内部特殊辅助继电器及特殊数据寄存器用于表示上述异常的状态。可通过程序设计读取这些内部特殊辅助继电器及特殊数据寄存器的状态,用以异常的警示或处理。

网络链接运行中,PLC 主机内部的特殊辅助继电器及特殊数据寄存器,除了具有设置及异常显示的功能外,最重要的就是用于数据共享;但因 FX 系列的 PLC 内部辅助继电器及数据寄存器的数量有所差异(如 FX2N 的内部辅助继电器及数据寄存器比 FX1S 多),所以在网络链接运行中将内部辅助继电器及数据寄存器可区分为两类,下面分别叙述其差异。

1. PLC 主机为 FX1N、FX2N 或 FX2NC

① 用于设置的内部辅助继电器 FX1N、FX2N 及 FX2NC 的 PLC 主机中用于设置的内部辅助继电器如表 3.1 所列。

表 3.1 FX1N、FX2N 及 FX2NC 主机中用于设置的内部辅助继电器

属 性	M 位	意 义	读/写站
只读	M8038	用于设置 NETWORK 参数接点(需写于程序步序的 NO.0)	主及从站

② 用于设置的数据寄存器 FX1N、FX2N 及 FX2NC 的 PLC 主机中用于设置的数据寄存器如表 3.2 所列。

③ 用于异常显示的内部辅助继电器 FX1N、FX2N 及 FX2NC 的 PLC 主机中用于异常显示的内部辅助继电器如表 3.3 所列。

④ 用于异常显示的数据寄存器 FX1N、FX2N 及 FX2NC 的 PLC 主机中用于异常显示的数据寄存器表 3.4 所列。

⑤ 用于数据共享的内部辅助继电器及数据寄存器 FX1N、FX2N 及 FX2NC 的 PLC 主机中用于数据共享用的内部辅助继电器及数据寄存器,可用主站中的 D8178 来设置 3 种不同的数量及群组;不设置 D8178 时,则以"P0"的数量及群组作为数据共享用的内部辅助继电器及数据寄存器,如表 3.5 所列。

表 3.2 FX1N、FX2N 及 FX2NC 主机中用于设置的数据寄存器

属 性	D 位	意 义	读/写站
只写	D8176	站号设置	主及从站
只写	D8177	从站总数设置(初始值为"7")	主站
只写	D8178	通信元件 P 设置(初始值为"0")	主站

续表 3.2

属 性	D 位	意 义	读/写站
可读/写	D8179	通信次数的设置：常无法通信时且次数超过 D8179 则为"异常发生"（设置范围：0～10，初始值为"3"）	主站
可读/写	D8180	通信逾期时间的设置（设置范围：5～255，初始值为"5"，单位：ms）	主站

表 3.3 FX1N、FX2N 及 FX2NC 主机中用于异常显示的内部辅助继电器

属 性	M 位	意 义	读/写站
只读	M8183	主站通信错误	从站
只读	M8184 ～ M8190	从站通信错误（如从站 NO.3 错误时，M8186 会"ON"）	主及从站
只读	M8191	通信中	主及从站

表 3.4 FX1N、FX2N 及 FX2NC 主机中用于异常显示的数据寄存器

属 性	D 位	意 义	读/写站
只读	D8173	站号	主及从站
只读	D8174	从站总数	主及从站
只读	D8175	通信元件 P	主及从站
只读	D8201	最近监控时间	主及从站
只读	D8202	总计监控时间	主及从站
只读	D8203	显示主站中第几号通信元件错误	从站
只读	D8204 ～ D8210	显示从站中第几号通信元件错误（如 3 号从站有通信错误，则在 D8206 中会显示第 3 号通信元件错误）	主及从站
只读	D8211	显示主站中通信错误码	从站
只读	D8212 ～ D8218	显示从站中通信错误码（如 3 号从站有通信错误，则在 D8214 中会显示通信错误码）	主及从站

表 3.5 按照 D8178 的设置分类的通信元件

站 号	D8178 设置为"0"(P0)	
	本站可读写且其他站可读取的元件	
	内部辅助继电器 M	数据寄存器 D
0(主站)		0
1(从站 1 号)		10～13
2(从站 2 号)		20～23
3(从站 3 号)		30～33

第3章 PLC的网络运行

续表 3.5

站 号	D8178 设置为"0"(P0)	
	本站可读/写且其他站可读取的元件	
	内部辅助继电器 M	数据寄存器 D
4(从站 4 号)		40～43
5(从站 5 号)		50～53
6(从站 6 号)		60～63
7(从站 7 号)		70～73

站 号	D8178 设置为"1"(P1)	
	本站可读/写且其他站可读取的元件	
	内部辅助继电器 M	数据寄存器 D
0(主站)	1000～1031	0
1(从站 1 号)	1064～1095	10～13
2(从站 2 号)	1128～1159	20～23
3(从站 3 号)	1192～1223	30～33
4(从站 4 号)	1256～1287	40～43
5(从站 5 号)	1320～1351	50～53
6(从站 6 号)	1384～1415	60～63
7(从站 7 号)	1448～1479	70～73

站 号	D8178 设置为"2"(P2)	
	本站可读/写且其他站	
	内部辅助继电器 M	数据寄存器 D
0(主站)	1000～1063	0
1(从站 1 号)	1064～1127	10～17
2(从站 2 号)	1128～1191	20～27
3(从站 3 号)	1192～1255	30～37
4(从站 4 号)	1256～1319	40～47
5(从站 5 号)	1320～1383	50～57
6(从站 6 号)	1384～1447	60～67
7(从站 7 号)	1448～1511	70～77

2. PLC 主机为 FX0N 或 FX1S

① 用于设置的内部辅助继电器 FX0N 或 FX1S 的 PLC 主机中用于设置的内部辅助继电器如表 3.6 所列。

表 3.6 FX0N 或 FX1S 主机中用于设置的内部辅助继电器

属 性	M 位	意 义	读/写站
只读	M8038	用于设置 NETWORK 参数接点(需写于程序步序的 NO.0)	母及从站

② 用于设置的数据寄存器　FX0N 或 FX1S 的 PLC 主机中用于设置的数据寄存器如表 3.7 所列。

表 3.7　FX0N 或 FX1S 主机中用于设置的数据寄存器

属　性	D 位	意　　义	读/写站
只写	D8176	站号设置	主及从站
只写	D8177	从站总数设置（初始值为"7"）	主站
只写	D8178	通信元件 P 设置（初始值为"0"）	主站
可读/写	D8179	通信次数设置：当无法通信且次数超过 D8179 时，则为"异常发生"（设置范围：0～10，初始值为"3"）	主站
可读/写	D8180	通信逾期时间的设置（设置范围：5～255，初始值为"5"，单位：ms）	主站

③ 用于异常显示的内部辅助继电器　FX0N 或 FX1S 的 PLC 主机中用于异常显示的内部辅助继电器如表 3.8 所列。

④ 用于异常显示的数据寄存器　FX0N 或 FX1S 的 PLC 主机中用于异常显示的数据寄存器如表 3.9 所列。

表 3.8　FX0N 或 FX1S 主机中用于异常显示的内部辅助继电器

属　性	M 位	意　　义	读/写站
只读	M504	主站通信错误	从站
只读	M505 ～ M511	从站通信错误（如从站 N0.3 错误时，M507 显示"ON"）	主及从站
只读	M503	通信中	主及从站

注：M503 和 M504 仅在网络链接运行下才可使用。

表 3.9　FX0N 或 FX1S 主机中用于异常显示的数据寄存器

属　性	D 位	意　　义	读/写站
只读	D8173	站号	主及从站
只读	D8174	从站总数	主及从站
只读	D8175	通信元件 P	主及从站
只读	D201	最近监控时间	主及从站
只读	D202	总计监控时间	主及从站
只读	D203	显示主站中第几号通信元件错误	主站
只读	D204 ～ D210	显示从站中第几号通信元件错误（如 3 号从站有通信错误，则在 D8206 中会显示第 3 号通信元件错误）	主及从站
只读	D211	显示主站中通信错误码	从站

第3章 PLC的网络运行

续表 3.9

属 性	D 位	意 义	读写站
只读	D212 ~ D218	显示从站中通信错误码（如 3 号从站有通信错误，则在 D8214 中显示通信错误码）	主及从站
—	D219 ~ D255	PLC 内部系统用	—

注：D201~D225 仅在网络链接运行下才可使用。

⑤ 用于数据共享的内部辅助继电器及数据寄存器　当 FX0N 或 FX1S 的 PLC 主机网络链接运行时，其数据共享用的内部辅助继电器及数据寄存器只有一种选择（即主站中的 D8178 设置为"0"或不设置），如表 3.10 所列。

表 3.10　FX0N 或 FX1S 的通信元件

站　号	本站可读/写且其他站可读取的元件	
	内部辅助继电器 M	数据寄存器 D
0(主站)		0
1(从站 1 号)		10~13
2(从站 2 号)		20~33
3(从站 3 号)		30~33
4(从站 4 号)		40~43
5(从站 5 号)		50~53
6(从站 6 号)		60~63
7(从站 7 号)		70~73

在上述的通信元件中，各个 PLC 内部辅助继电器及数据寄存器会由通信模块进行数据的通信，也就是各站都可得到其他站的内部辅助继电器及数据寄存器的状态或数据。例如 FX2N 进行网络链接运行，且 D8178 设置为"3"时，其可得到的数据通信的数量为 64 点内部辅助继电器及 8 点的数据寄存器。虽然数据通信的数量大于 D8178 设置为"1"时的数量，但响应的速度比 D8178 设置为"1"时的速度慢。所以，数据通信的数量不是越多越好，而是必须考虑响应的问题。

一般在网络链接运行中，每次数据通信的（即响应）时间会根据 D8178 的设置而有所不同，如表 3.11 所列。

对于 FX 系列的网络链接运行的模式已做了一定程度的说明，下面将通过简单的实例来介绍其操作方法。

表 3.11　通信时间　　　　　　单位:ms

链接站数	D8178 的设置值		
	0	1	2
2	18	22	34
3	26	32	50
4	33	42	66
5	41	52	83
6	49	62	99
7	57	72	115
8	65	82	131

假设有 3 台 FX2N 的 PLC 完成网络链接运行,其动作内容如下:

① 主站的 X0 接一个压力开关,当压力开关动作时,主站与从站都计时后警报,Y0 接警报器。

② 计时时间以 NO.2 从站为准,且 NO.1 从站计时时间为 NO.2 从站的 2 倍,主站计时时间也为 NO.1 从站的 2 倍。

③ 各站通信错误时,各站 Y1 显示"ON"。

利用网络链接运行进行程序设计时,首先要对主站与从站作网络链接运行的设置。在设置参数时,各网络链接运行设置用的数据寄存器一定要以 M8038 作接点触发,且须将其写于程序的起始处,即步序为 0 处(Step 0)。

在主站中,网络链接运行设置用的数据寄存器一定要以 D8176～D8180 作设置,因为设置 D8176～D8180 以外的数据寄存器或内部辅助继电器时,则表示网络链接运行设置完成,后面即使有其他的 D8176～D8180 的设置也不会执行,例如下面的错误设置:

```
LD M8038
MOV K0 D8176
MOV K100 D100      ;设置非 D8176～D8180 的数据寄存器
MOV K3 D8177       ;不会执行 D8177 的设置
MOV K1 D8178       ;不会执行 D8178 的设置
MOV K4 D8179       ;不会执行 D8179 的设置
MOV K8 D8180       ;不会执行 D8180 的设置
```

在从站中,网络链接运行设置用的数据寄存器仅需要 D8176 作设置,并且当设置 D8176 的前一步序时,也不得有 D8176 以外的数据寄存器或内部辅助继电器的设置,例如下面的错误设置:

```
LD M8038
MOV K100 D100      ;设置非 D8176 的数据寄存器
MOV K0 D8176       ;不会执行 D8176 的设置
```

考虑上述的实例,本文先编写网络链接运行的参数设置的程序,各站程序设计如下:

① 主站代码为：

LD M8038	;选取 M8038 作为网络链接运行设置的接点
MOV K0 D8176	;本机设置为主站
MOV K2 D8177	;从站数共有两台
MOV K1 D8178	;使用"P1"的通信元件
MOV K4 D8179	;重试的通信次数设置为 4 次
MOV K8 D8180	;通信逾期时间设置为 8 ms

② NO.1 从站代码为：

| LD M8038 | ;选取 M8038 作为网络链接运行设置的接点 |
| MOV K1 D8176 | ;本机设置为 NO.1 从站 |

③ NO.2 从站代码为：

| LD M8038 | ;设置网络链接运行所用参数的内部辅助接点 |
| MOV K2 D8176 | ;本机设置为 NO.2 从站 |

接下来编写通信错误时，各站 Y1 的动作，其程序设计如下。

① 主站代码为：

LD M8184	;NO.1 从站通信错误
OR M8185	;NO.2 从站通信错误
OUT Y1	;Y1 作动

② NO.1 从站代码为：

LD M8183	;主站通信错误
OR M8185	;NO.2 主站通信错误
OUT Y1	;Y1 作动

③ NO.2 从站代码为：

LD M8183	;主站通信错误
OR M8184	;NO.1 从站通信错误
OUT Y1	;Y1 作动

最后，编写动作要求的程序。主站程序设计的梯形图如图 3.6 所示；NO.1 从站程序设计的梯形图如图 3.7 所示；NO.2 从站程序设计的梯形图如图 3.8 所示。

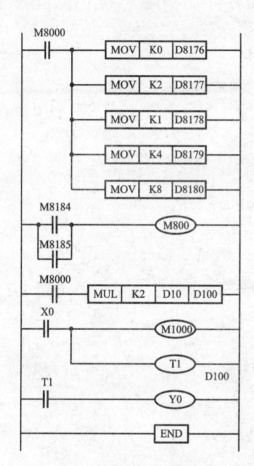

图 3.6 主站的程序梯形图

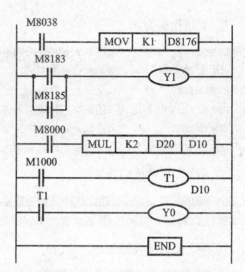

图 3.7 NO.1 从站的程序梯形图

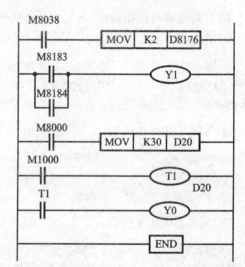

图 3.8 NO.2 从站的程序梯形图

第二篇　串行口的通信

第 4 章　前　言

第 5 章　串行通信

第 6 章　无协议通信

第 7 章　232IF 模块的通信

第 4 章
前 言

现今的仪表中,以串行通信作为其检测值的输出应用是越来越多,这是因为串行通信除可以实现数字的通信外,其输出的数据量也较大。FX 系列的 PLC 除了具有一般的接点输出及输入功能外,也具有串行通信的功能,如图 4.1 所示。

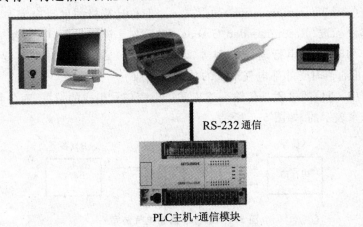

图 4.1 PLC 的串行通信功能

第 5 章

串行通信

5.1 串行通信的电气规范

经常使用计算机的 COM 通信口完成鼠标或数码相机的数据传输,而计算机的 COM 通信口即为串行通信(serial communication)的形式。一般称计算机的串行口为 RS-232 通信口,其中,RS 表示建议标准(Recommended Standard),232 是辨识号码,C 代表经历的版本。而 RS-422 及 RS-485 都是串行通信的型号,两者与 RS-232 的差异点主要是 RS-422 及 RS-485 具有防止通信时受外部电气干扰的功能。

在串行通信中,通信的过程是传输一连串的以电气信号组成的数据,而各数据是以单位时间下的电压状态来表示的,如图 5.1 所示。

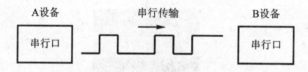

图 5.1 串行通信的电气信号

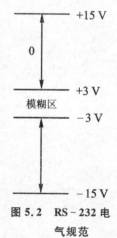

在图 5.1 中,数据是以单位时间下的电压状态表示的,故电压的大小必须有一个标准,这样所有的 RS-232 设备才能遵循此标准进行数据的通信。现在所有含 RS-232 通信的设备,都必须遵循 EIA(美国电子工业协会)制定的电气标准。在此标准中,RS-232 的电气规范采用负逻辑表示 0 或 1 的数据,当通信中单位时间内的电压在 $-3 \sim -15$ V(一般称为低电位)时,其代表的数据为 1;而当通信中单位时间内的电压在 $+3 \sim +15$ V(一般称为高电位)时,其代表的数据为 0。串行通信的电气规范,如图 5.2 所示。

图 5.2 RS-232 电气规范

在 RS-232 的传送端中,还有其他电气的规范限制,如下所述。

① 最大输出电压(无负荷时):±25 V。
② 最小输出电压(负荷 3~7 kΩ 时):±5 V。
③ 电源切断时的最小输出电阻:300 Ω。
④ 短路时最大输出电流:500 mA。

⑤ 电气信号的最大爬升率：30 V/μs。

在 RS-232 的接收端中，还有其他电气的规范限制，如下所述。

① 输入电阻：3 kΩ。

② 输入的下限电压：±3 V。

③ 输入的上限电压：±25 V。

在 RS-232 的通信中，所有的电气信号转换为 0 或 1 来表示，但这些 0 或 1 信号无法直观表示出所接收的数据。因为平时接收的数据大多是以字符来表示的，所以，如何将通信得到的一连串的 0 或 1 信号转换为常用的字符表示形式，这就必须要遵循 ASCII 码标准。

5.2 ASCII 码

在串行通信中，接收端得到的数据是以一连串的 0 或 1 信号表示的，此时计算机会将每一个 0 或 1 的状态称为一个位(Bit；Binary Digital)，并将每 8 个位形成一个字节。在这个字节中，总共可表示 256(2^8) 种数值，而这 256 种数值即可利用 ASCII 码(American Standards Code for Information Interchange)对照出所代表的字符(部分的字符用作控制码)。所以，RS-232 的通信实际上是这 256 个字符或控制码的数据通信。

计算机键盘上表示的字符(不含汉字)都排列在 ASCII 码的前 128 个字符内，而这 128 个字符并不需要用 8 个位来表示，在某些 RS-232 通信设备中，是以 7 个位来作字符转换的。

综合 5.1 与 5.2 节的介绍可见，串行口通信的流程其实是字符、ASCII 码、电气信号这三者之间的转换，如图 5.3 所示。

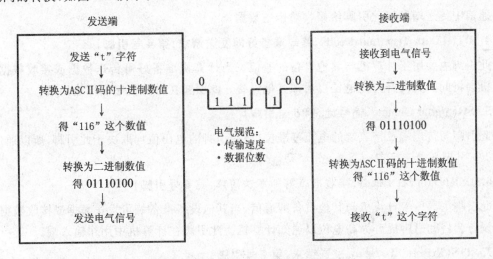

图 5.3 数据通信的步骤

在图 5.3 中，发送端若传送"t"这个字符，则传送端会依照双方协议好的传输速度及数据位数来传送电气信号。此电气信号被接收端接收后，即可转换为可见的字符"t"，如通信中传输的数据为"01110100"，并且以 8 个位转换为数值，其代表的数值即为 116(以十进制表示)或 74(以十六进制表示)，再依此对照 ASCII 后即可得"t"这个字符。

其中,发送及接收端的电气信号的规范必须一致,如电气信号是以多少时间内的电位来表示位的 0 或 1 状态;多少的位数用来代表字符,这些的规定即为串行通信时必要的参数设置。对于串行通信的参数设置将在 5.5 节中详细介绍。

5.3 串行口的引脚定义

串行的通信方式可以分为同步式(synchronous)及异步式(asynchronous)两种。现在,大多采用异步方式进行串行通信(如 FX 系列的 PLC)。

异步式的串行通信是以起始位(start bit)及停止位(stop bit)作为通信的开始及结束的判断依据,且异步传输中只要有 9 支引脚就够了;而如果采用同步传输口作为异步传输口,则需使用 25 芯转 9 芯的 RS-232 转换器。

在异步的串行通信中,因通信口的各引脚最初应用数据终端设备(DTE,Data Terminal Equipment,如计算机)与数据电路终端设备(DCE,Data Circuit-terminating Equipment,如数据机)的通信,所以其引脚意义通常也与数据机的通信有关。以下是这些引脚的相关说明:

1. CD(Carrier Detect,载波检测,第 1 号引脚)

当数据机利用电话线路与远端的设备链接时,则数据机将此引脚提升为高电位,表示 On-Line 状态。

2. RXD(Receive,数据接收,第 2 号引脚)

通信中接收端利用此引脚接收发送端传送的数据。

3. TXD(Transmit,数据发送,第 3 号引脚)

通信中传送端利用此引脚给接收端传送数据。

4. DTR(Data Terminal Ready,终端准备好即发送请求,第 4 号引脚)

此引脚主要用于计算机与其他设备的通信。当计算机准备好可传送数据或接收数据时,计算机会将此引脚提升为高电位以通知其他设备。此引脚在计算机中用作输出端。

5. SG(Signal Ground,信号地,第 5 号引脚)

此引脚为传送端及接收端的电压基准位,所有引脚的电压值均取决于此引脚,所以通信双方的 SG 引脚必须连接在一起。

6. DSR(Data Set Ready,接收准备好即发送请求,第 6 号引脚)

此引脚主要用于计算机与其他设备的通信,当其他设备准备好可发送数据或接收数据时,其他设备会将此引脚提升为高电位以通知计算机。此引脚在计算机中用作输入端。

7. RTS(Request To Send,发送请求,第 7 号引脚)

通信中,传送端发送数据前可将此引脚提升为高电位,用以通知接收端将其输入寄存区(Buffer)内的数据清空。

8. CTS(Clear To Send,发送请求回答,第 8 号引脚)

通信中,若接收端已清空其输入寄存区(Buffer),则可将此引脚提升为高电位以通知传送端可发送数据。

9. RI(Ring Indicator,呼叫指示,第9号引脚)

此引脚用于数据机与计算机通信,若数据机检测到有数据发送过来,则将此引脚提升为高电位。

10. FG(Frame Ground,外壳的地线)

与串行口连接用的接头(DB-9Pin),其本身金属部分必须接地。

25芯的同步式串行通信口也可直接用于9芯的异步式传输,其对应引脚如表5.1所列。

表5.1 9芯与25芯的引脚对应表

9芯的引脚号	25芯的引脚号
1	8
2	3
3	2
4	20
5	7
6	6
7	4
8	5
9	22

5.4 RS-485及RS-422的串行通信

RS-232的通信中电压的大小代表通信的数据及状态,而地线为此电压的基准位。若数据通信中发生干扰,地线接地不会受到干扰,但传输线会被干扰电压所影响而产生较高的电压信号,从而造成数据的传输错误,如图5.4所示。

工业上通信线路因与大电力线路距离过近,所以,通信中常受到干扰。因此,RS-485的通信方式应运而生,如图5.5所示。

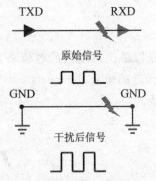

图5.4 RS-232信号受到干扰的情况

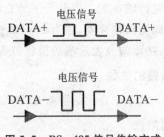

图5.5 RS-485信号传输方式

与 RS-232 以地线为基准位不同，RS-485 采用两条数据传输线路，而通信中的电气信号是以这两条传输线的电压相减值来表示，所以 RS-485 较不易受干扰。例如，当图 5.5 中有干扰时，RS-485 电位依然不变，如图 5.6 所示。

此外，与 RS-232 不同，RS-485 通信时无法同时完成数据的发送及接收，必须采取"发送→接收→发送→接收"的半双通信方式，通信速度较低。因此，RS-422 的通信方式就应运而生了，如图 5.7 所示。

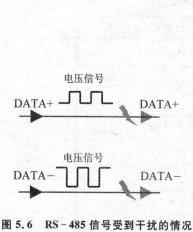

图 5.6　RS-485 信号受到干扰的情况

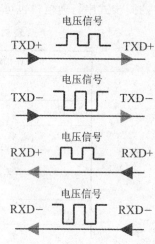

图 5.7　RS-422 信号传输方式

RS-422 通信方式采用两组 RS-485 的线路避免干扰，并且采用 RS-232 的发送端（TXD）及接收端（RXD）分别设置传输线的方式，所以在 RS-422 中有 4 条设置发送端（TXD）及接收端（RXD）的传输线。RS-422 不但具有避免干扰的功能，并且发送与接收可同时进行，从而提高了通信速度。

综合得知，RS-422 及 RS-485 可在复杂的环境下来进行通信，但需要以钢管来保护并且钢管本身必须接地；RS-232 及 RS-422 采用全双工的通信方式，即可同时完成发送及接收的动作；RS-485 采用半双工的通信方式，即发送及接收的动作是不可同时实现的。

5.5　串行通信的参数

采用串行通信方式时，必须设置下列各项参数。

1. 数据发送与接收速度

即设置传输速度。根据 5.1 节介绍，传输的数据是以单位时间内的电位来表示的，其中，单位时间即为传输速度，称为 bps（即波特率），指每秒传送的位数（bit per second）。为确保通信的正确，接收端及发送端的接收及发送速度必须一致。

2. 数据的位数

即在 5.2 节中介绍的要有几个位要转换为 ASCII 码。

3. 起始位

用于通知接收端开始发送数据，此项以 1 个位的低电位来表示，一般不须设置。

4. 停止位

用于通知接收端数据已发送完毕,此项用 1、1.5 或 2 个位的低电位表示,而选择方式由接收端决定。

5. 同位检查

它用于判定通信的数据是否有错误,可分为奇同位(odd parity)及偶同位(even parity)两种,也可不做同位检查(none),这些同位检查方法如下所示:

(1) 奇同位

若传送数据"01001101",因为"1"的数量为偶数,所以传送端补一个"1",使得电气信号为"1"+"01001101",其中,"1"的数量为奇数。接收端接收数据时先判定"1"的数量是否为奇数,若不是奇数则表示通信有错误。

(2) 偶同位

若传送数据"01001101",因为"1"的数量为偶数,所以传送端补一个"0",使得电气信号为"0"+"01001101",其中,"1"的数量为偶数。接收端接收数据时先判定"1"的数量是否为偶数,若不是偶数则表示通信有错误。

早期的同位检查对奇(偶)同位的检查又可分为 mark 及 space 两种。mark 即在奇(偶)同位的电位信号前放置一个低电位(即"1");space 即在奇(偶)同位的电位信号前放置一个高电位(即"0")。

6. 流量控制

流量的控制即接收端能要求发送端开始或暂停传送数据,而流量控制可分为硬件握手及软件握手两种。

硬件握手   即利用 DSR、CTS、DTR 及 RTS 这 4 个 RS-232 通信口的引脚决定通信开始或暂停。

软件握手   软件握手最常用的是 XON/XOFF 协议。在 XON/XOFF 协议中,若接收端通知发送端暂停发送数据,则向发送端发出一个 ASCII 码第 19 号字符(十六进制是 13);恢复发送时,则送出一个 ASCII 码第 17 号字符(十六进制是 11),以这两个控制码的交互作用使接收端可以控制发送端的传送动作。

上述所介绍的参数设置说明,可选择计算机的"开始"|"设置"|"控制面板"|"系统"|"硬件"|"设备管理"|"通信端口"菜单项查看各参数设置的项目及内容,如图 5.8 所示。其中发送的数据位信号为:"停止位"+"同位"+"数据位"+"起始位"。若传送字符"A",则可得传送的数据位信号及传输时间如下所述。

① 起始位:固定为 1 个位。

② 数据位:查 ASCII 码可得"A"为 65(十进制),转换为二进制为"1000001"(共 7 位)。因为数据位数设置为 7 位,所以计算机不会补位;当数据位数设置为 8 位时,计算机会补一个位,即为"01000001"。

③ 同位检查:针对传送数据"1000001",同位检查设置为偶同位"Even",则补一个"0"位。

④ 停止位:停止位设置为 1 位,则数据传完后补一个"1"位。

⑤ 则传送的数据电位信号为"1"+"0"+"1000001"+"1",即"1010000011"。

⑥ 因数据的传送与接收速度设置为 9 600 bps,且传送位为"1010000011",共 10 个位,则

传输时间为 10/9 600＝0.001 041 6 s。

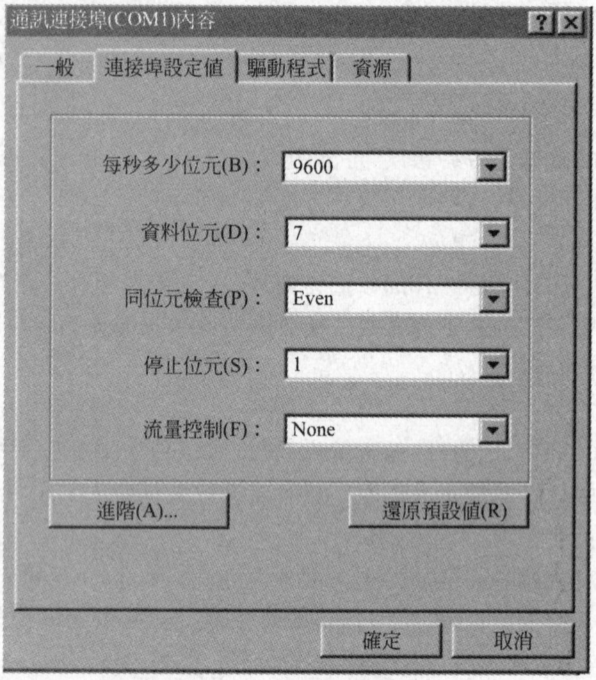

图 5.8　串行通信参数对话框

5.6　错误的预防

在通信的过程中,数据有可能受到干扰而产生错误,那么,接收端如何确认其接收的数据是否正确呢？当然,除了可以使用同位检查外,其他最有效的方法就是使用校验和(check sum)。

校验和必须依照通信双方设置的规则来使用,本书主要介绍针对 FX 系列 PLC 的校验和的使用方法。使用 FX 系列 PLC 的校验和前,发送端必须先将欲传送的字符以 ASCII 码的十六进制表示值相加,并取后两位数作为校验和,如图 5.9 所示。

在图 5.9 所示的通信过程中,当发送端为计算机时,则必须通过编写程序来实现校验和的功能以及接收数据与校验和的合并,从而完成数据的传送；而当发送端为 PLC 时,PLC 会自动将数据与校验和的合并,从而完成数据的传送。同样,当接收端为计算机时,则必须通过编写程序来完成数据与校验和的对比；若为 PLC,PLC 会自动将数据与校验和作对比。

接收端为 PLC 时,若校验和有错误,则 PLC 停止对数据的处理,同时发送一个错误码给接收端,如图 5.10 所示。

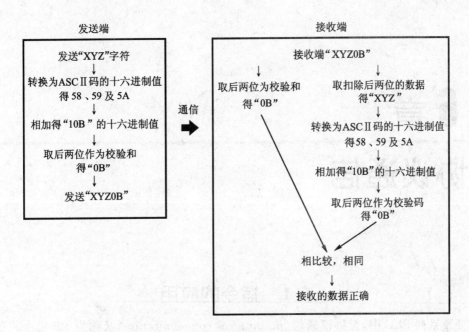

图 5.9 FX 系列 PLC 的校验和的使用方法

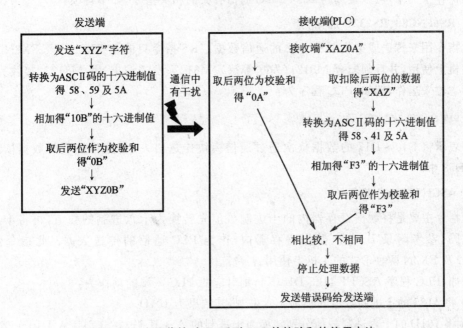

图 5.10 有误传输时 FX 系列 PLC 的校验和的使用方法

第 6 章
无协议通信

6.1 指令的应用

在 FX 系列 PLC 中,无协议通信(no protocol communication)又称为 RS 指令。在 PLC 主机的操作手册中,可以查阅与 RS-232C 通信有关的相关指令,如下各项:

1. RS(FNC80,RS232C 通信)指令

此指令用来传送或接收 RS-232 的通信数据。RS 指令只能在 FX2NC 及 FX2N 两种形式的主机上使用,并且须配合 M8121(发送等待)、M8122(发送请求)及 M8123(接收完成)这三个标志位来运作,例如,PLC 程序为:

```
RS D10 K8 D50 K4
```

该程序表示将 D10~D17 的数据依次通过通信模块传送出去,并且将接收的数据依次存入 D50~D53 中。

2. ASCI(FNC82)指令

此指令主要是将数据寄存器内的十进制数值先转换为十六进制的数值,再将十进制的 ASCII 码(参考附录 B)存入数据寄存器内,作为 PLC 通信的传送数据。此指令仅能在 FX2NC 及 FX2N 两种形式的主机上使用。

例如,PLC 程序 ASCI K4125 D10 K4,则对应的 PLC 系统的动作为:

① 将 4125 的十进制数值转换为十六进制,其结果为 101D。

② 将 101D 的十六进制数值分别转换为十进制的 ASCII 码,并分别存入 D10~D13 的数据寄存器内,转换流程如图 6.1 所示。

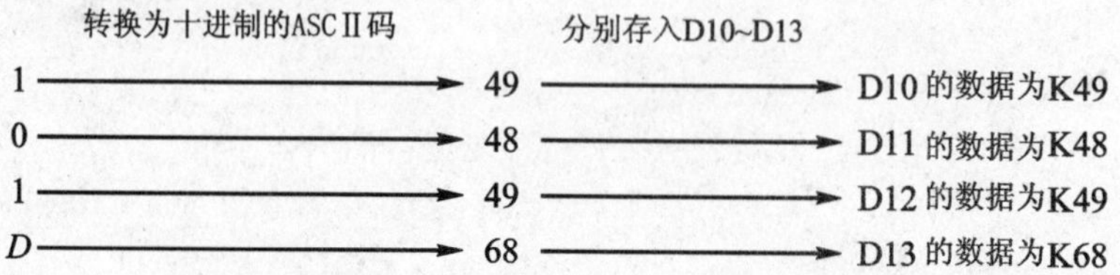

```
        转换为十进制的ASCⅡ码        分别存入D10~D13
    1 ─────────────────→ 49 ─────────────→ D10 的数据为 K49
    0 ─────────────────→ 48 ─────────────→ D11 的数据为 K48
    1 ─────────────────→ 49 ─────────────→ D12 的数据为 K49
    D ─────────────────→ 68 ─────────────→ D13 的数据为 K68
```

图 6.1 应用于十进制数值的 ASCI 指令应用范例

ASCI 指令除了可以将十进制的数值转换为十进制的 ASCII 码外,也可直接将十六进制的数值转换为十进制的 ASCII 码,并分别存入数据寄存器内。

例如,PLC 程序 ASCI H0A3C D10 K4,则对应的 PLC 系统的动作如图 6.2 所示。

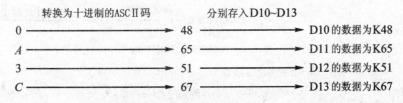

图 6.2 应用于十六进制数值的 ASCI 指令应用范例

3. ASC 指令

此指令主要是将数据寄存器内的字符(位数必须为 8 位)转换为十进制的 ASCII 码,并将转换后的数据分别存入数据寄存器内,作为 PLC 通信的传送数据。此指令仅能在 FX2NC 及 FX2N 两种形式的主机上使用。

例如,PLC 程序 ASC AB1234CD D10,则对应的 PLC 系统的动作如图 6.3 所示。

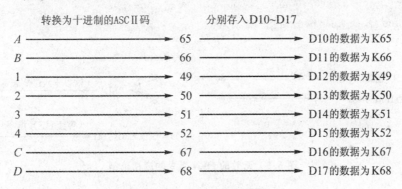

图 6.3 ASC 指令应用范例

4. HEX(FNC83,将 ASCII 码转换为字符)指令

此指令主要是将数据寄存器内的十进制数值转换为十进制的 ASCII 码的字符,再将字符合并后,由十六进制的数值转换为十进制的数值,并将转换后的数据存入数据寄存器内,作为 PLC 通信结束后接收的数据,再转换为可用于 PLC 程序控制的数值。此指令仅能在 FX2NC 及 FX2N 两种形式的主机上使用。

例如,PLC 程序为:

```
LD M8002           ;PLC 从 STOP 至 RUN 的脉冲
MOV K50 D50        ;D50 值为 50
MOV K68 D51        ;D51 值为 68
HEX D50 D100 K2    ;HEX 指令,如图 6.4 所示
```

图 6.4 中的程序也可以用 D50 或 D51 以十六进制来作 HEX 的指令。例如,PLC 程序为:

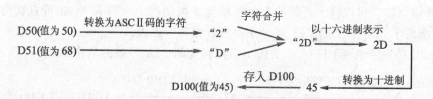

图 6.4 HEX 指令应用范例

```
LD M8002          ;PLC 从 STOP 至 RUN 的脉冲
MOV H0032 D50     ;32 的十六进制值,会自动转换为十进制的值(即 50),并存入 D50 内
MOV H0044 D51     ;44 的十六进制值,会自动转换为十进制的值(即 68),并存入 D51 内
HEX D50 D100 K2   ;HEX 指令,如图 6.4 所示
```

在上述实例中,必须要注意:转换后的 ASCII 码的字符,必须为十六进制的字符(十进制与十六进制的对照,如表 6.1 所列)。例如,PLC 程序为:

```
LD M8002          ;PLC 从 STOP 至 RUN 的脉冲
MOV K83 D50       ;D50 值为 83
MOV K68 D51       ;D50 值为 50
HEX D50 D100 K2   ;HEX 指令,如图 6.5 所示
```

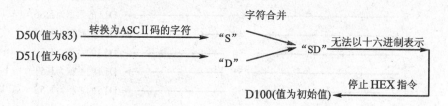

图 6.5 无效的 HEX 指令的应用范例

表 6.1 十进制与十六进制对照表

十进制值	0	1	2	3	4	5	6	7	8	9
	10	11	12	13	14	15	16	17	18	19
十六进制值	0	1	2	3	4	5	6	7	8	9
	A	B	C	D	E	F	10	11	12	13

注:十六进制的字符为 0～9 及 A～F。

5. CCD(FNC84,总和检查)指令

此指令主要是对通信中传送或接收的数据做同位检查(parity)及总和检查(sum check),并将检查结果存入数据寄存器内,用以 PLC 通信。此指令仅能在 FX2NC 及 FX2N 两种形式的主机上使用。

无协议通信形式一般应用于单台 PLC 主机对具有 RS-232 通信设备的设备(如条码扫描仪及各种具有 RS 通信功能的仪表等)间的数据通信,如图 6.6 所示。但在计算机的通信方面应用较少,主要是因为:

(1) 通信数据量小

无协议通信必须预先通过编程将传送的数据写入 PLC 的数据寄存器内,且 PLC 用于通信接收的数据寄存器的数量不易改变;而有协议的通信中可利用交谈的方式来对 PLC 的辅助继电器与数据寄存器进行读取及写入,较为灵活且可用于多机监控,这种通信方式本书会于第 4 篇中详细的介绍。

(2) PLC 形式限制

RS 指令仅适用于 FX2N 及 FX2NC 的 PLC 形式主机,所以局限性较大。

(3) 程序量增加

因 PLC 主机内的程序需要涉及许多与 RS 相关指令。

(4) 不易作集中监控系统

虽然使用 RS-485 的通信模块可以使多台 PLC 与计算机作数据通信,以达到集中监控的目的,但因各台 PLC 是以程序内的 RS 指令用于数据通信的驱动,这样各台 PLC 的 RS 指令的驱动时间极易重复,且造成通信错误的发生。

所以,无协议通信一般用于与条码扫描仪或其他具有 RS 通信功能的仪表间的通信,因为此类的通信数据数量固定不变,通信模式大多使用 FX2N-232IF 的通信模块。

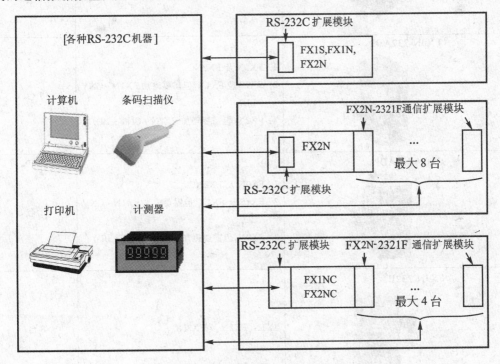

图 6.6 无协议通信的实际运用

6.2 模块的选择及配线方式

电控上采用无协议通信进行数据通信时,首先就要根据 PLC 主机与另外的通信设备间的通信距离选择适当的通信模块。一般而言,若采用 485ADP 作为通信模块,则最长通信距离为 500 m；若采用 485BD 作为通信模块，则最长通信距离为 50 m；但若采用 232BD、232ADP 或 232IF 作为通信模块，则最长通信距离为 15 m。

适用于无协议通信形式的各类型 FX 系列 PLC 的扩展通信模块，如表 6.2 所列。

表 6.2　适用于无协议通信的 FX 系列 PLC 通信模块

通信模块	适用主机	最大扩展数
1. FX1N-232BD 2. FX2N-232BD	1. FX1N 及 FX1S 2. FX2N	1 台
1. FX1N-485BD 2. FX2N-485BD	1. FX1N 及 FX1S 2. FX2N	1 台
FX0N-232ADP	1. FX0N 及 FX2NC 2. FX1S 及 FX1N（但需要增加 FX1N-CNV-BD） 3. FX2N（但需要增加 FX2N-CNV-BD）	1 台
FX0N-485ADP	1. FX0N 及 FX2NC 2. FX1S 及 FX1N（但需要追加 FX1N-CNV-BD） 3. FX2N（但需要追加 FX2N-CNV-BD）	1 台
FX1N-232IF	FX1N、FX2N 及 FX2NC	8 台

根据通信距离选择适当的通信模块后，就要选择适当的通信配线方式。

485BD 或 485ADP 与其他 RS-232 通信时，须先使用 RS 转换器将 RS-485 信号转换为 RS-232 信号。

使用 232BD、232ADP 或 232IF 时，通信线较为简单，若与计算机或条码扫描仪进行通信，则仅需要 9 芯串行口连接线；若与其他 RS 设备进行通信，需参看第 2 章串行口引脚介绍以及产品说明书。

若采用 RS-232 通信模块进行无协议通信,则可采用全双工的配线方式;但是,采用 RS-485 的通信模块时,必须依照 PLC 主机的型号选择合适的配线方式,下面介绍几种常用 PLC 的配线方式。

① 当 PLC 主机为 FX0N、FX1N、FX1S 及 FX2C 时,须采用半双工的配线方式。

② 当 PLC 主机为 FX2N 及 FX2NC 时,可采全双工或半双工的配线方式。

③ 当 FX2NC 使用 FX0N-485ADP 的通信模块时,须采用半双工的配线方式。

6.3 通信参数的设置

第1篇中介绍的并行链接运行及网线链接运行通信模式是 PLC 与 PLC 之间的通信,所以不需要设置通信参数(如数据位数、停止位及传输速度等);而 PLC 与其他具有 RS-232 的设备进行无协议通信时,由于各种设备通信参数各不相同,所以在无协议通信进行前,PLC 须设置所需的通信参数。

无协议通信的形式下,PLC 的通信参数设置如下:

1. 数据位数(data length)

详见 5.5 节中的设置说明。

2. 同位检查(parity)

详见 5.5 节中的设置说明。

3. 停止位(stop bit)

详见 5.5 节中的设置说明。

4. 传输速度(baud rate)

详见 5.5 节中的设置说明。

5. 起始码及结束码(header and terminator)

两者即为控制码,当通信中接收到起始码时,表示其后续的数据为通信数据;当接收到结束码时,表示通信已结束。

例如,与 PLC 通信的设备的起始码及结束码以十进制的 ASCII 码表示,起始码为 25,结束码为 26,则 PLC 必须先设置用于起始码及结束码通信的数据寄存器(D8124 及 D8125),程序为:

```
LD M8002
    MOV K25 D8124      ;设置起始码
    MOV K26 D8125      ;设置结束码
```

上述对起始码及结束码的设置,也可以十六进制形式来设置,则上述的程序改写为:

```
LD M8002
    MOV H0019 D8124    ;设置起始码
    MOV H001A D8125    ;设置结束码
```

6. 控制线形式(Ⅰ)[control line(Ⅰ)]

即是否要使用硬件握手中的 DTR 及 DSR,详见 5.5 节中的设置说明。

7. DTR 检查模式(DTR check)

在控制线形式的设置中,若设置为"有硬件握手",则此项可设置 DTR 检查模式;若在控制线形式的设置中,设置为"无硬件握手",则 DTR 检查模式的设置是无效的。

在 DTR 检查模式的设置中,可依通信的格式实现"传送及接收"或"接收"两种形式的设置。

PLC 对于上述通信参数的设置,是在 D8120 数据寄存器中表示的,如表 6.3 所列。

若与 PLC 通信的设备的通信参数为

① 数据位数:8 位。
② 同位检查:奇数。
③ 停止位:1 位。
④ 传输速度:9 600 bps。
⑤ 起始码:25(十进制的 ASCII 码)。
⑥ 结束码:26(十进制的 ASCII 码)。
⑦ 控制线形式:使用 DTR 及 DSR 的硬件握手。
⑧ DTR 检查模式:发送及接收都作 DTR 检查。

表 6.3 D8120 的设置内容

bit NO.	意 义	内 容	
		0(OFF)	1(ON)
b0	数据位数	7 位	8 位
b1	同位检查	(b2,b1)	(0,1):奇数
b2		(0,0):无	(1,1):偶数
b3	停止位	1 位	2 位
b4	传输速度	(b7,b6,b5,b4)	(0,1,1,0):2 400
b5		(0,0,1,1):300	(0,1,1,1):4 800
b6		(0,1,0,0):600	(1,0,0,0):9 600
b7		(0,1,0,1):1 200	(1,0,0,1):19 200
b8	起始码	无	以 D8124 设置
b9	结束码	无	以 D8125 设置
b10	控制线形式(Ⅰ)	无	DTR,DSR 硬件握手
b11	DTR 检查模式	发送或接收	发送及接收
b12	控制线形式(Ⅱ)	不使用	
b13	校检和(Check Sum)		
b14	协议		
b15	协议形式		

则上述的设置对应的 D8120 的内容为
① 数据位数：b0＝1。
② 同位检查：b1＝1;b2＝0。
③ 停止位：b3＝0。
④ 传输速度：b4＝0;b5＝0;b6＝0;b7＝1。
⑤ 起始码：b8＝1。
⑥ 结束码：b9＝1。
⑦ 控制线形式：b10＝1。
⑧ DTR 检查模式：b11＝1。
⑨ b12＝0;b13＝0;b14＝0;b15＝0。

按照上述 D8120 的设置,以每 4 个位来表示十六进制值,则上述的内容得(b3,b2,b1,b0)＝(0,0,1,1),再转换为十六进制值即为 0×8＋0×4＋1×2＋1×1＝3,其他各位转换为十六进制的值为：

```
(b7,b6,b5,b4)=(1,0,0,0)=8
(b11,b10,b9,b8)=(1,1,1,1)=15          ,其十六进制值以"F"表示
(b15,b14,b13,b12)=(0,0,0,0)=0
```

再将上述结果合并得"0F83",即为 D8120 的设置值。计算好 D8120 的设置值后,可写出 PLC 内的通信参数设置程序为：

```
LD M8002
MOV H0F83 D8120                ;设置通信参数
MOV H0019 D8124                ;设置起始码
MOV H001A D8125                ;设置结束码
```

此外,以无协议通信形式进行数据通信时,RS 必须利用一些标志位(即特殊内部辅助继电器)来表示指令驱动、通信过程中的发送及接收的动作状态。下面通过 PLC 通信过程的分析详细介绍各种标志的运用。

(1) 设置数据形式

发送过程中,PLC 是以数据寄存器内的数值用于发送,如 PLC 将 D10 内的"71"发送出去,此时接收端会将该值与十进制的 ASCII 码(即"G")作对比。

一般用于通信的数据都在 ASCII 码 0～127 范围内,所以,通信过程中只需要 8 位数据寄存器;而该范围外的数据(如汉字)进行通信时,则须采用 16 位数据寄存器。

所以,PLC 用于数据通信的数据寄存器可以选择为 8 位或 16 位,而该选择可设置为 M8161 的标志位,如当 M8161 为"ON"时即表示 8 位,其程序表示为：

```
LD    M8000
OUT   M8161
```

M8161 默认状态为"OFF",即表示用于通信数据寄存器为 16 位。一般情况下,若 PLC 的数据寄存器足够时,可将 M8161 设为 16 位。

(2) 通信待命

用于 RS 指令的驱动接点,且须在"ON"的状态下(即通信待命中),才可做数据的发送及

接收动作。例如下列程序中，若 X0 未处于"ON"状态，则无法做数据的发送及接收动作。

```
LD X0
RS D10 K8 D50 K4
```

若通信过程中需要长时间待命，则可以利用 M8000（PLC 处于 RUN 状态时会长时间处于"ON"状态）作为 RS 指令的驱动接点，其程序为：

```
LD M8000
RS D10 K8 D50 K4
```

(3) 开始通信

当 M8121 处于"ON"状态时，若驱动 M8122 这个标志位时，通信模块会开始对外作通信动作。其中，M8122 的驱动方式必须以一个上升沿脉冲信号来驱动，且 M8122 必须处于"SET"状态，其程序为：

```
LD M8000
RS D10 K8 D50 K4      ;RS 指令长时间待命
LD X0
PLS M0                ;X0 由"OFF"至"ON"时，M0 于一个扫描周期时间内会处于"ON"状态
LD M0                 ;M0 有上升沿脉冲
SET M8122             ;M8122 开始通信，并自动保持动作，数据传送完成后 PLC 会自动 RESET，不需要
                      ;外部 RESET
```

RS 指令最常应用于 M8122 已驱动但却没有进行数据通信的情况下，这种情况大多是因为：

① RS 未于待命状态　如下程序中，若 X0 未处于"ON"状态，则即使 M8122 已设为 SET 状态，也不会有数据通信的动作。

```
LD X0
RS D10 K8 D50 K4
LD X1
PLS M0
LD M0
SET M8122
```

② 两个 RS 指令同时待命　PLC 程序中可写多个 RS 指令，但各 RS 指令不能同时处于待命状态。下面程序中若 X0 处于"ON"状态，则即使 M8122 处于 SET 状态，也不会进行数据通信。

```
LD M8000
RS D10 K8 D50 K4
LD X0
RS D20 K8 D50 K4
```

(4) 通信中

在通信过程中，M8124 标志位会处于"ON"状态，可利用这个标志位来避免两个 RS 指令同时待命的错误动作，其程序为：

```
LD X0
ANI M8124
RS D10 K8 D50 K4
LD X1
ANI M8124
RS D20 K8 D50 K4
```

(5) 收信完成

通信过程中,若接收的字符数等于 RS 指令中所设置的接收字符数,则 M8123 标志位会处于"SET"状态,可利用这个标志位将接收的数据转存至其他数据寄存器内,转存完成后外部做"RESET",其程序为:

```
LD X0
PLS M0
LD M0
SET M8122
LD M8000
RS D1 K4 D10 K2        ;K2 为设置的接收字符数,为 2
LD M8123               ;当接收到 2 个字符时,M8123 设为"SET"状态
MOV D10 D20            ;将 D10 的数据存入 D20 内
MOV D11 D21            ;将 D11 的数据存入 D21 内
RST M8123              ;数据转存后将 M8123 复归
```

(6) 通信异常的检测

在串行口的通信中,通信数据的起始及停止都是以电气信号来表示的,如当 PLC 接收到起始信号后,若迟迟无法收到停止信号,那么 PLC 是要持续接收还是停止接收呢?这种状况可能是通信断线造成的,或是数据量过大造成的,如图 6.7 所示。

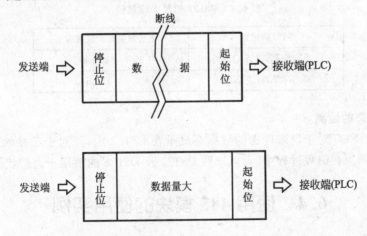

图 6.7 通信中造成接收时间过长的因素

为避免通信断线造成的异常现象,所以 PLC 必须知道在接收时所能容许的最长时间,此接收的容许时间是由 D8129 设置的。

D8129 为了避免通信中的断线(断讯)而设置的变量称为"过期判断时间",当设置为 10 ms

时,则 PLC 接收到起始位后开始计时,若 10 ms 后尚未收到停止位则 PLC 自动停止通信。由于通信中的数据量大时可能会超过 10 ms 的通信时间,所以 D8129 的设置必须以最大数据量、数据位数、起始码、结束码及传输速率来计算,同时再增加 10% 的冗余,例如下列的计算:

① 数据位数为 7 位。
② 发送端所传送的最大数据量为 100 个 7 位,即 700 位。
③ 有起始码及结束码,即为 14 位。
④ 第②以及③项共 714 位。
⑤ 传输速度为 9600 bps,即每个位需要 0.104 ms。
⑥ 第④项乘以⑤项得需要的接收时间为 74.256 ms。
⑦ 第⑥项再加上冗余得 D8129 须设置的时间为 82 ms。

若 D8129 设置 100 ms 为其初始值,而其设置单位为 10 ms,则下面分别介绍以十进制及十六进制形式设置时间的方法。

① 以十进制形式设置时间的程序为:

```
LD M8002
MOV K10 D8129
```

② 以十六进制形式设置时间的程序为:

```
LD M8002
MOV H000A D8129
```

D8129 的设置值是有限制的,如 FX0N 的 PLC 的 D8129 最大设置值为 2 550 ms,其他形式的 PLC 最大设置值如表 6.4 所列。若 PLC 接收数据过程中发生逾期,则 M8129 标志位会显示"ON"状态,所以在 PLC 的程序中,可以通过读取 M8129 这个接点值来作为通信断线时的标志。

表 6.4　D8129 的最大设置值

PLC 的形式	十进制的最大设置值
FX0S、FX1S、FX1N	255(2 550 ms)
FX2C、FX2N、FX2NC	3 276(3 276 ms)

(7) 通信状态的检测

通信过程中,PLC 对于尚未传送的数据会显示在 D8122 内;而对于已接收到的数据会显示于 D8123 内,所以在编程过程中,可以读取 D8122 及 D8123 的值用于通信状态的显示。

6.4　使用 485 模块的使用实例

本书将通过一个实例说明 PLC 如何以无协议的通信形式与计算机通信。

1. 硬件配置

① PLC 的主机:采用 FX2N。
② PLC 的通信模块:采用 FX2N-485BD 的通信模块。

③ RS-485 与 RS-232 的转换器：采用 adlink 的 ND-6520 转换器。
④ 通信设备：个人计算机的 9 芯串行口。

2. 通信线的配线图

通信线的配线图，如图 6.8 所示。

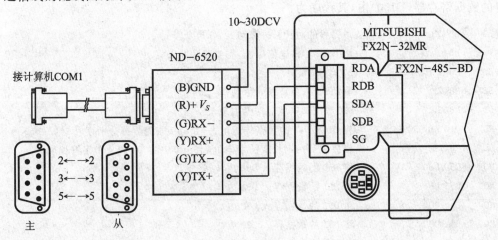

图 6.8 配线图

3. PLC 通信参数的设置

① 数据位数：8 位。
② 同位检查：无。
③ 停止位：1 位。
④ 传输速度：9 600 bps。
⑤ 起始码：无。
⑥ 结束码：无。
⑦ 控制线形式：因为采用 RS-485 的通信模块，所以此项设置为"不使用 DTR 及 DSR 的硬件握手"；若采用 RS-232 的通信模块，此项硬件握手功能才能使用。
⑧ DTR 检查模式：因第⑦项中，控制线形式设置为"无"，所以 DTR 检查模式设置为无效，即 b11 为 0。
⑨ PLC 内的 D8120 数据寄存器设置如下：

```
LD M8002
MOV H0081 D8120
```

4. 动作需求

① 某生产线需生产 3 种产品，分别为 AD123456、KB015673 及 CK000123。这 3 种产品分别通过按钮开关切换，并以 X0、X1 及 X2 作为输入的接点。

由上述动作要求，可以利用输入接点产生脉冲后，通过 ASC 指令将产品输入数据寄存器内，并且选择该数据寄存器的 D10～D17 用以产品的存储，其程序为：

```
LDP X0 ASC AD123456 D10
LDP X1 ASC KB015673 D11
LDP X2 ASC CK000123 D12
```

② PLC须将每秒生产的产品编号传送给计算机，同时，计算机将该值写入PLC内部用以计时的数据寄存器(D100)内，其程序为：

```
LD   M8013              ;以每秒的时钟脉冲来触发 RS 指令
PLS  M0                 ;因 M8122(RS 送信标志)需要以脉冲来驱动
LD   M0                 ;M0 有脉冲时
SET  M8122              ;驱动 RS 指令完成通信动作
LD   M8000              ;PLC 处于 RUN 状态时常时驱动
RS   D10 K8 D50 K4      ;将 D10～D17 的数据传送出去,并将接收的数据分别存入 D50～D53 内
LD   M8123              ;当接收到指定长度的字串时(上一步中的 K4,即 4 个字符长度)
MOV  D50 D80            ;将 D50 的数据存入 D80 内
MOV  D51 D81            ;将 D51 的数据存入 D81 内
MOV  D52 D82            ;将 D52 的数据存入 D82 内
MOV  D53 D83            ;将 D53 的数据存入 D83 内
RST  M8123              ;数据转存后将 M8123 复原
LD   M8000              ;PLC 处于 RUN 状态时常时驱动
HEX  D80 D100 K4        ;将 D8083 的 ASCII 码的字符由十六进制转换为十进制,并存入 D100 内
```

③ 完整的PLC程序为：

```
LD   M8002
MOV  H0081 D8120
LDP  X0 ASC AD123456 D10
LDP  X1 ASC KB015673 D11
LDP  X2 ASC CK000123 D12
LD   M8013
PLS  M0
LD   M0
SET  M8122
LD   M8000
RS   D10 K8 D50 K4
LD   M8123
MOV  D50 D80
MOV  D51 D81
MOV  D52 D82
MOV  D53 D83
RST  M8123
LD   M8000
HEX  D80 D100 K4
END
```

5. 计算机端的程序

本书以 VB 作为计算机端的串行通信,其使用方法详见第 4 篇中的介绍。

① PLC 通信测试对话框如图 6.9 所示。

② 程序为:

```
Private Sub Command1_Click()
   MSComm1.Output = Text1.Text        ;传送给 PLC 的值
End Sub
Private Sub Command2_Click()
   Text2.Text = MSComm1.Input         ;读取 PLC 的发送数据
End Sub
Private Sub Form_Load()
   MSComm1.CommPort = 1               ;设置使用的计算机串行口为 COM1,若操作中使用其他串
                                      ;行口时,则只需更改号码
   MSComm1.Settings = "9600,n,8,1"    ;设置计算机的通信参数
   MSComm1.PortOpen = True            ;开启串行口
End Sub
```

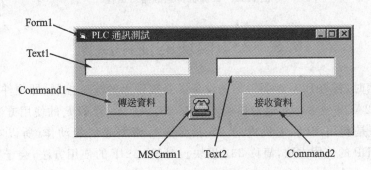

图 6.9 通信测试对话框

6. 操作步骤

① 执行上述 VB 程序。

② PLC 处于 RUN 状态,并由 PLC 编程器监控 D100 的数值。

③ PLC 的 X0~X2 任一接点动作时,即可将生产的产品编号传送至计算机。如当 X1 动作时,"KB015673"的产品编号会传送至计算机。

④ 单击图 6.9 中的"接收资料"(接收数据)按钮,弹出如图 6.10 所示的对话框,查看生产的产品编号。

⑤ 输入以十六进制表示的产品编号(如 002D)再单击"传送资料"(传送数据)按钮(见图 6.11),则可通过 PLC 编程器的监控画面看到 D100 的数值为 45。

通过该实例了解到无协议通信的应用,可见,其需要编写的 RS 相关程序及通信的数据量较少,所以多用于条码扫描仪或其他仪表的数据通信中。需要监控 PLC 中 X、Y、M、D、C 及 T 元件的动作或数值时,常采用计算机通信形式(computer link),其可实现多台 PLC 的监控,以达到集中监控的目的。有关计算机通信形式的使用方法,本书将于第 4 篇详细的介绍。

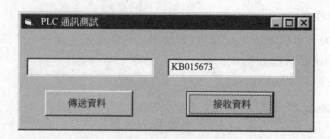

图 6.10　产品编号对话框

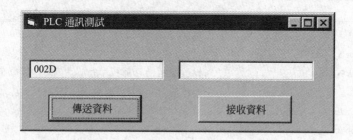

图 6.11　计算机传送数据对话框

6.5　232 模块的使用实例

无协议通信时,若与 PLC 串行通信的设备需要硬件上的流量控制(即硬件握手),则必须使用 232BD、232ADP 或 232IF 通信模块。其中,232BD 及 232ADP 的使用方法与 485BD 较为接近,三者都是利用 PLC 主机内的 RS 指令进行相关通信的动作,所以本节主要说明 232BD 及 232ADP 的使用方法,简称 232 模块。对于 232IF 的使用方法,会于第 7 章中详细说明。

6.5.1　232 模块的使用

232 模块的配线方式根据通信对象进行选择,当 232 模块与终端设备(如计算机、条码扫描仪等)进行串行通信时,其配线方式如图 6.12 所示。

引脚名称	PLC端			通信装置端	
	模块引脚 FX2N FX1N 232BD	FX0N 232ADP	FX 232ADP	使用 RTS、CTS 引脚	使用 DTR、DSR 引脚
FG	接头金属外壳		1	FG	FG
RXD	2		3	RXD	RXD
TXD	3		2	TXD	TXD
DTR	4		20	RTS	DTR
SG	5		7	SG	SG
DSR	6		6	CTS	DSR

图 6.12　与终端设备通信的配线图

当232模块与数据机进行串行通信时,其配线的方式如图6.13所示。

使用232通信模块时,可分为半双工及全双工两种形式。这两种通信形式中PLC端的用于硬件握手的电气信号是不一样的,如下所述。

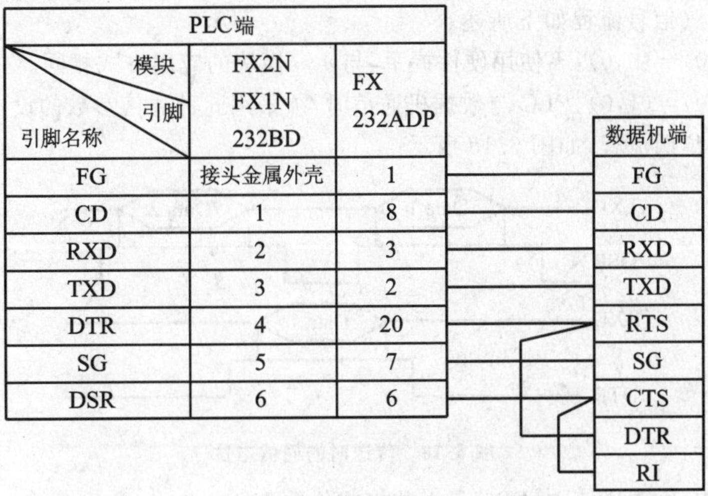

PLC端 引脚名称	模块 引脚 FX2N FX1N 232BD	FX 232ADP	数据机端
FG	接头金属外壳	1	FG
CD	1	8	CD
RXD	2	3	RXD
TXD	3	2	TXD
DTR	4	20	RTS
SG	5	7	SG
DSR	6	6	CTS
			DTR
			RI

图 6.13 与数据机通信的配线图

1. 半双工

当PLC主机形式不是FX2NC或FX2N(V2.00版以上)时,则只能采用半双工的通信方式。采用半双工时,则须在PLC主机的D8120中设置,其b11及b10用于设置硬件握手的形式,而其用于硬件握手的电气信号的流程如下所述。

① (b11,b10)=(0,0):不使用硬件握手,与485模块的应用方式相同。

② (b11,b10)=(0,1):从PLC端看,其发送时通信电位的流程,如图6.14所示;接收时通信电位的流程,如图6.15所示。

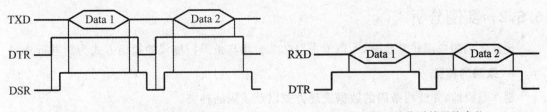

图 6.14 发送时的通信电位　　　　　　图 6.15 接收时的通信电位

③ (b11,b10)=(1,1):从PLC端看,其传送时的通信电位流程,如图6.16所示;接收时通信电位的流程,如图6.17所示。

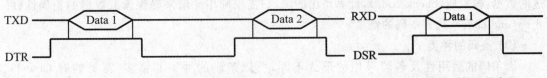

图 6.16 发送时的通信电位　　　　　　图 6.17 接收时的通信电位

2. 全双工

当 PLC 主机是 FX2NC 或 FX2N(V2.00 版以上)时,则可采用全双工的通信方式。采用全双工时,则须在 PLC 主机的 D8120 中设置,其 b11 及 b10 用于设置硬件握手的形式,而其用于硬件握手的电气信号流程如下所述。

① (b11,b10)=(0,0):不使用硬件握手,与 485 模块的应用方式相同。

② (b11,b10)=(1,0):PLC 与数据机通信时,须采用此种通信参数的设置,从 PLC 端看,其发送时通信电位的流程,如图 6.18 所示。

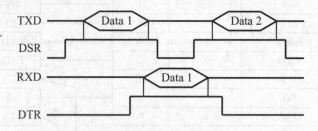

图 6.18 传送时的通信电位

在图 6.18 中,每次通信中,PLC 最大的接收位数为 30。

③ (b11,b10)=(1,1):从 PLC 端看,其发送及接收时的通信电位流程,如图 6.19 所示。

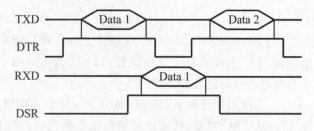

图 6.19 发送及接收时的通信电位

6.5.2 实例分析

现在条码的应用非常普遍,所以本书以 232 模块与条码扫描仪的通信方式为例进行介绍。

1. 条码的种类

制作条码前,先介绍条码的数据表现方式以及条码的种类。

(1) 数据表现的方式

条码利用黑白相间及粗细不同的线条来表示数据,在条码内数据可分为 4 项:起始码(start code),用于条码读取器的开始判定,即为条码的起始码;数据码(data code),即为要传送的数据;校验码(check code),计算得出的值,扫描仪利用此值来确保读取数据的正确性;终止码(end code),代表条码的结束。

(2) 条码的种类

因条码的适用性及各国采用的形式不同,所以条码的种类非常多,常见的有 Code39、codeBar、125 码、EAN 码及 UPC 码。

2. 条码的制作

条码扫描仪中只要经过简单的设置就能读取各种类型的条码,所以本书采用 EAN-13 码。

EAN-13 码广泛应用于零售物的包装上,而在标准的 EAN-13 条码中,其数据格式如图 6.20 所示。其中,EAN-13 码的前 3 位代表国家代号;第 4～9 为厂商代号;第 10～12 为商品代号;最后一位为检验码。EAN-13 码中的校验码计算方式如表 6.5 所列。

图 6.20 EAN-13 码

表 6.5 EAN-13 校验码计算方法

位 数	13	12	11	10	9	8	7	6	5	4	3	2	1
数 据	4	9	0	1	2	3	4	5	6	7	8	9	

计算步骤	
步 骤	计算方式	计 算
1	偶位数相加后再乘 3	$(9+7+5+3+1+9) \times 3 = 102$
2	奇位数相加	$8+6+4+2+0+4 = 24$
3	步骤 1 及 2 的结果再相加	$102 + 24 = 126$
4	取步骤 3 的结果的个位数	6
5	10 减步骤 4 的结果	$10-6=4$(即 4 为校验码,若步骤 4 的结果值为 0,则 0 为校验码)

本书选用 VB 制作条码,相关 VB 的操作方式详见第 4 篇的内容。在 VB 中若要制作条码,必须载入 Microsoft Access BarCode Control 9.0 应用软件,并利用此应用软件来建立 BarCodeCtrll 控件,而在 BarCodeCtrll 控件中重要属性的设置项目为:Style=2,表示设置为 EAN-13 码;Value 表示条码的值。BarCodeCtrll 控件操作方式如图 6.21 所示。

3. 条码扫描仪通信参数的设置

一般条码扫描仪可设置多样的通信参数,在本例中通信参数设置为:传输速度为 9 600 bps;同位检查为奇同位;数据位数为 8 位;停止位为 1 位;使用 RTS/CTS 的硬件握手;不使用起始码及使用 EOT 的结束码(详见附录 B)。

4. 配线图

因条码扫描仪仅为单工时,若从 PLC 端看,其仅有接收动作,所以可取消图 6.12 的 TXD 引脚的配线。

5. D8120 的设置

D8120 的设置值按照条码扫描仪的通信参数来选择,其中(b11,b10)=(0,1)。

6. PLC 的程序设计

PLC 程序设计的原则为:接收条码扫描仪所传送的数据并将接收的数据以十进制的 ASCII 码值形式存储于 D60～D72 内,其程序如图 6.22 所示。

FX系列PLC的链接通信及VB图形监控

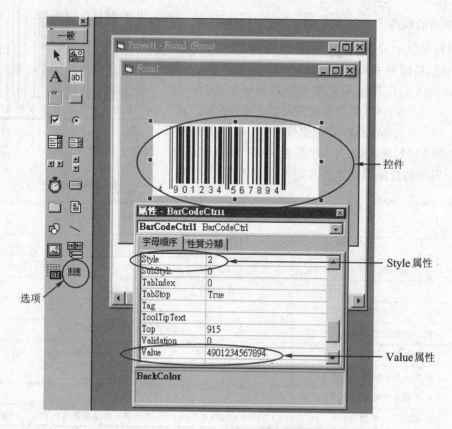

图 6.21 BarCodeCtrlI 控制的操作方式

7. 执 行

用扫描仪扫描图 6.20 的条码后,可于 PLC 编程软件的监控画面下看到以 ASCII 码的十进制值表示的 D30~D42 及 D60~D72 的值,如图 6.23 所示(详见附录 B)。

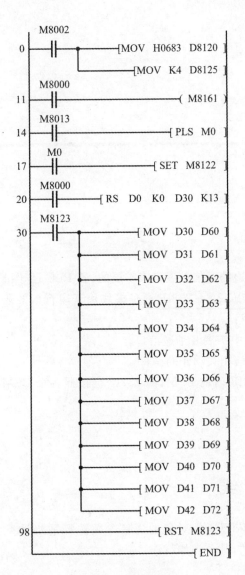

图 6.22 PLC 的程序

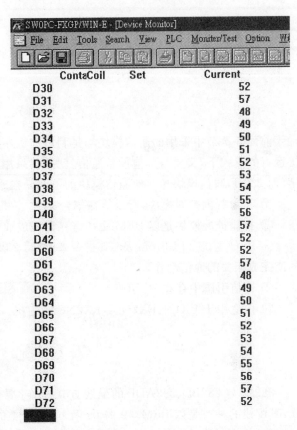

图 6.23 PLC 的接收数据

第 7 章
232IF 模块的通信

前面各章节中采用的通信模块均是利用主机左边的通信扩展口来扩展的,若 PLC 已于链接运行的模式下,又要与其他设备通信,就必须采用 FX2N-232IF 通信模块用于串行口的通信,而 232IF 通信模块与其他通信模块的不同处在于:

① 其为右侧扩展模块,所以能在单台 PLC 主机中扩展 8 个通信口。
② 智能扩展模块是以 BFM 缓冲寄存器完成通信相关动作的。
③ PLC 主机采用 From 及 To 指令来读/写 232IF 内的 BFM,而 232IF 会按照各个 BFM 的值完成相关的通信动作。
④ 通信引脚中存在 RI 引脚。
⑤ 仅适用于 FX1N、FX2N 及 FX2NC 的主机。

7.1 配 线

232IF 与 232BD、232ADP 的配线方式一样,要依照通信对象的通信参数选择适当的配线,其配线的种类是以 BFM#0 的 b9 及 b8 来分类的,其分类如下:

(1) (b9,b8)=(0,0)
当无硬件握手时,可采用如图 7.1 所示的配线。

(2) (b9,b8)=(0,1)
当有硬件握手且使用 CD 引脚时,可采用如图 7.2 所示的配线;与数据机通信时,可采用如图 7.3 所示的配线。

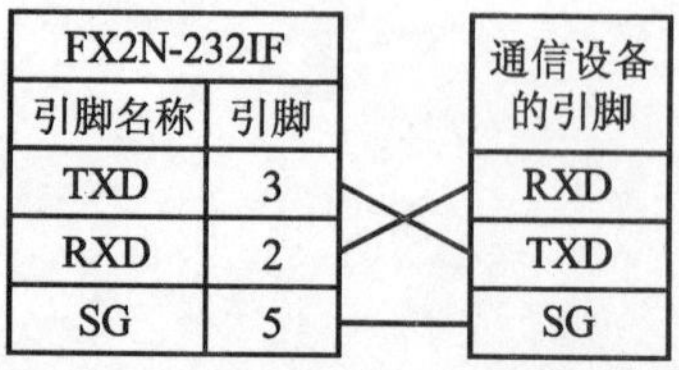

FX2N-232IF		通信设备
引脚名称	引脚	的引脚
TXD	3	RXD
RXD	2	TXD
SG	5	SG

图 7.1 无硬件握手的配线方式

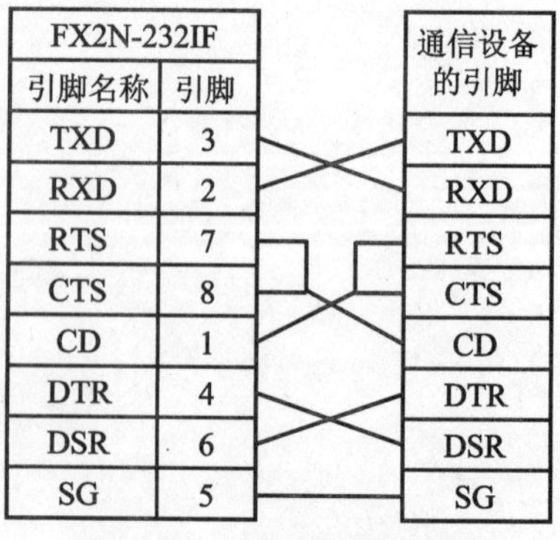

FX2N-232IF		通信设备
引脚名称	引脚	的引脚
TXD	3	TXD
RXD	2	RXD
RTS	7	RTS
CTS	8	CTS
CD	1	CD
DTR	4	DTR
DSR	6	DSR
SG	5	SG

图 7.2 有硬件握手且使用 CD 引脚的配线方式

(3) (b9,b8)=(1,1)

有硬件握手但不使用CD引脚时,可采用图7.4所示的配线。

FX2N-232IF		通信设备的引脚
引脚名称	引脚	
TXD	3	TXD
RXD	2	RXD
RTS	7	RTS
CTS	8	CTS
CD	1	CD
DTR	4	DTR
DSR	6	DSR
SG	5	SG
RI	9	RI

图7.3 与数据机通信的配线方式

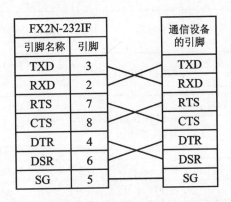

图7.4 有硬件握手但不使用CD引脚的配线方式

7.2 缓冲寄存器

232IF的缓冲寄存器用于设置通信参数、暂存通信数据及标志通信状况,其各个缓冲寄存器的说明如下所述(在后续的各个设置值中,若尾数为H,即表示为十六进制值;若头数为K,即表示为十进制值)。

1. BMF♯0(初期值为0087H)

其用于设置通信参数,设置值的计算方式6.3节中的D8120的计算方式相同,如表7.1所列。

在图7.5及图7.6中,BFM♯0的b14位的意义详见参考表7.1中注③的说明。在图7.6中,BFM♯2000的值为-5 002,这是因为PLC的数据寄存器为16位时,数值可以为负数且以数据寄存器的b15作为负号标志。

表7.1 BFM♯0的设置内容

位	意义	内容	
		0(OFF)	1(ON)
b0	数据位数	7位	8位
b1	同位检查	(b2,b1)	(0,1):奇数
b2		(0,0):无	(1,1):偶数
b3	停止位	1位	2位
b4	传输速度	(b7,b6,b5,b4)	(0,1,1,0):2 400
b5		(0,0,1,1):300	(0,1,1,1):4 800
b6		(0,1,0,0):600	(1,0,0,0):9 600
b7		(0,1,0,1):1 200	(1,0,0,1):19 200

续表 7.1

位	意义	内容	
		0(OFF)	1(ON)
b8 b9	硬件握手	依配线方式来选择	
b10 b11	CR,LF 控制码	(b11,b10) (0,0):无	(0,1):仅 CR (1,1):CR 及 LF
b12 b13	数据转换（ASCII/HEX）及校验码	(b13,b12) (0,0):无 (0,1):仅 ASCII/HEX	(1,0):仅检验码 (1,1):ASCII/HEX 及检查
b14	接收及发送数据的暂存位数	16 位	8 位
b15	不使用		

注：① b10 及 b11 用于决定在通信的数据最后是否要有 CR 及 LF 控制码。

② ASCII/HEX 的数据转换功能与 6.1 节中的 HEX 指令类似,若采用 ASCII/HEX 数据转换功能发送数据,数据表示方式如图 7.5 所示；接收数据时,数据的表示方式如图 7.6 所示。

③ 通信中的数据大多为 ASCII 码内的字符,故仅需要 8 位即可表示各个 ASCII 码的字符,但超出 ASCII 码时（如汉字）,则需要 2 个字节（即 16 位）来存储通信的数据,此项功能与 6.3 节的 M8161 类似。

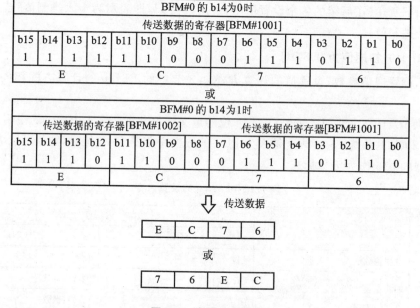

图 7.5 发送时的数据

PLC 是采用 2′补数的方式来表示负值的,具体方式为：由左（低位）往右（高位）,第 1 个"1"及其右边的值保持不变；其左边的值,原"1"变为"0",原"0"变为"1",如图 7.6 中以 2′补数的计算结果,详细过程如图 7.7 所示。

2. BMF#1(初期值为 0)

用于执行或停止通信,其由 4 位来指定通信的状况,如下所述。

图 7.6 接收数据后的存储

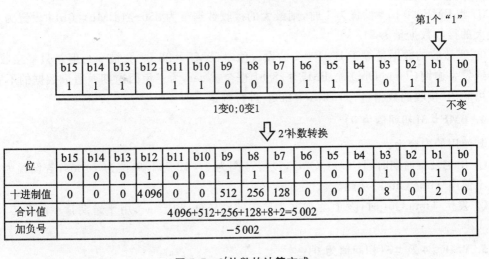

图 7.7 2′补数的计算方式

(1) b0

当 b0＝1 时,其使用的内容为:

① 表示处于"准备通信"的状态。

② DTR 引脚会提升为高电位。

③ 不可设置 BMF♯0。

④ 不可设置接收的起始码(BMF♯8,BMF♯9)及结束码(BMF♯10,BMF♯11)。

⑤ 清除通信异常的标志(BMF♯28 b3 及 BMF♯29)。

(2) b1

当 b1＝1 时,其使用的内容为:

① 开始传送 BMF♯1001～BMF♯1256 的数据,而传送的 BMF 数是由 BMF♯1000 设置的。

② 开始发送时,BMF#28 b0 会被 reset;发送完成时,BMF#28b0 会被 set。
③ 不设置发送的起始码(BMF#4,BMF#5)及结束码(BMF#6,BMF#7)。

(3) b2

当 b2=1 时,其使用的内容为:

① 接收完成时,BMF#28 b1 会被 set,所以须利用 BMF#1 b2=1 来将 BMF#28 b1 作 reset,这样才可接收下一次的通信数据。
② 清除接收的数据(BMF#2000)。
③ 清除接收的数据(BMF#2001~2256)。
④ 当 BFM#0 的 b8=1 及 b9=1 时,除了会清除接收的数据(BMF#2001~2256),也会清除接收的缓冲寄存器(BMF#2257~2271)及清除"接收的缓冲时间已到"标志(BMF#28 b4)。
⑤ RTS 引脚会提升为高电位。

(4) b3

当 b3=1 时,可清除通信异常的标志(BMF#28 b3 及 BMF#29)。

3. BMF#2(初期值为 0)

其使用的内容为:

① 当 BMF#0 b14 设置为 1 时,则最大的接收数据量为 256;当 BMF#0b14 设置为 0 时,则最大的接收数据量为 512。
② 当接收的数据量等于 BMF#2 的设置值时,BMF#28 b1 会被 set;但是只要接收到结束码或发生逾期(Time Out)时,BMF#28 b1 也会被 set,为避免因逾期而造成数据的不完整,所以可利用"接收的数据量"即 BMF#2000 进行判定。

4. BMF#3(初期值为 0)

其使用的内容为:

① 用于设置逾期时间(Time Out),设置范围为 0~32 767,单位为 10 ms;若设置为 0,则表示不使用 Time Out 的功能。
② 发生 Time Out 时,除了会有第 3 项中的动作外,也会 set 用于逾期指示的标志(BMF#28 b2)。

5. BMF#4 及 #5(初期值为 0)

为设置用于发送的起始码,在 ASCII 码中,起始码可设置最多的位数为 4 位,如起始码是依 A→B→C→D 的顺序来发送时,则"A"是由 BMF#4 的 b0~b7 来设置;"B"是由 BMF#4 的 b8~b15 来设置;"C"是由 BMF#5 的 b0~b7 来设置;"D"是由 BMF#5 的 b8~b15 来设置。当 BMF#4 设置为 0 时,则表示不使用起始码。

6. BMF#6 及 #7(初期值为 0)

用于设置传送过程中的结束码,其使用方法与第 5 项相同,但其仅能设置 ASCII 码中 01H~1FH 的字符。

7. BMF#8 及 #9(初期值为 0)

用于设置接收过程中的起始码,其使用方法与第 5 项相同。

8. BMF#10 及 #11(初期值为 0)

用于设置接收过程中的结束码,其使用方法与第 5 项相同。

9. BMF♯12(初期值为 0)

用于设置缓冲等待的时间,其设置范围为 0～32 767,单位为 10 ms。此项功能仅限于网络通信模式(BFM♯0 的 b8=1 及 b9=1 时),其动作的流程如下:

① 当数据的接收数等于 BFM♯2 的设置值时,会将 RTS 引脚变为低电位,以通知发送端停止传送。

② 虽然第①项中已通知发送端停止传送,但通信中仍有一些数据会传送至 232IF,而这些数据会被存储于缓冲寄存器(BMF♯2257～2271)内。

③ 当第②项动作发生时,232IF 可能还有一些数据未被传送出去,所以 232IF 会依照 BMF♯12 的设置值继续通信,当延迟时间已到时,则会 set"接收的缓冲时间已到"的标志(BMF♯28 b4),此时可利用 From 指令将接收的数据转存至 PLC 主机内,再继续执行通信。

10. BMF♯13

通信过程中,可利用此项来读取"尚未被发送的数据量"。

11. BMF♯14

通信过程中,可利用此项来读取"已接收的数据量"。

12. BMF♯15

在设置通信参数(BMF♯0 的 b12 及 b13)时,若设置为"有校验码",则 232IF 在发送的数据中会加上校验码,并于 BMF♯15 中显示此校验码。

13. BMF♯16

设置通信参数时,发送端发送给 232IF 的数据后需要有 2 位的校验码(若有结束码时,则于结束码后放置校验码),PLC 于接收后会计算此次数据的校验码,并且于 BMF♯16 中显示计算后的校验码,若两者不相同,则 232IF 会于 BMF♯29 中显示错误的信息。PLC 计算校验码的方法如表 7.2 所列(ETX 为结束码)。

14. BMF♯20(初期值为 0)

其用于设置当 CTS 引脚为高电位时,开始发送的时间。BMF♯20 的设置范围为 0～32 767,单位时间为 10 ms。

表 7.2 校验码的计算方式

要通信的数据	0	1	F	F	1	0	1	0	0	1	0	0	ETX
转换为 ASCII 的十六进制数值	30	31	46	46	31	30	31	30	30	31	30	30	3
各数值以十六进制方式相加	273											
取后两位数作为校验码	73											
通信的正确数据	01FF10100100(ETX)73											

15. BMF♯21(初期值为 0)

与数据机通信时,其可设置开始传送的延迟时间。BMF♯21 的设置范围为 0～32 767,单位时间为 10 ms。

16. BMF♯28

其用于显示通信中的各项状态,其显示的内容如下所述。

① b0:发送完成。

② b1:接收完成。

③ b2:发生 Time Out。

④ b3:当 BMF♯29 中有错误的信息时。

⑤ b4:接收的缓冲时间已到。

⑥ b6:开始发送。

⑦ b7:开始接收。

⑧ b8~b15:分别表示各引脚的电位状态,以 ON 表示高电位;以 OFF 表示低电位,其各个位的含义为 b8 为 RTS;b9 为 DTR;b12 为 DSR;b13 为 CD;b14 为 CTS;b15 为 RI。

17. BMF♯29

用于显示通信的错误信息,如表 7.3 所列。

18. BMF♯30

用于显示所使用的通信模块形式,232IF 代号为 K7030。

表 7.3 错误信息表

错误码	表示的内容
1	接收及发送端的通信参数不符
3	接收到非 ASCII 码的字符
4	接收的数据校验码错误
5	接收的寄存寄存器发生溢位(仅于 Interlink connection 的通信下)
6	BMF♯0 中,传送速度设置为非规定的值
7	未接收到 CR 控制码
8	未接收到 LF 控制码
9	发送及接收的结束码为非 ASCII 码中 01H~1FH 的字符
10	接收的数据中,结束码的位置错误
12	通信顺序错误(一般为 RXD 与 TXD 引脚接续的错误)

19. BMF♯1000(初期值为 0)

用于设置发送的字符数。

20. BMF♯1001~1256

用于发送数据的暂存寄存器。

21. BMF♯2000(初期值为 0)

用于设置接收的字符数。

22. BMF♯2001~2256

用于接收数据的暂存寄存器。

23. BMF♯2257～2271

用于接收数据的延伸寄存器。

7.3 通信的流程

232IF 通信模块可涵盖所有 RS-232 通信的要求,因为 RS-232 最早用于计算机与 Modem 进行远端传输,所以其各引脚的功能都是针对此种通信而设置的,所以本文先以计算机与 Modem 的通信流程来说明。当计算机要传送数据给 Modem 时,计算机端的电位状况如图 7.8 所示;计算机要接收 Modem 传送的数据时,计算机端的电位状况如图 7.9 所示。

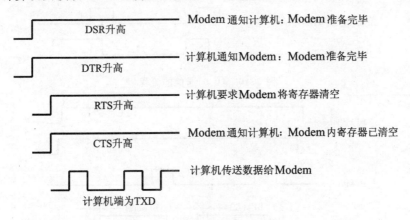

图 7.8 计算机传送数据的流程

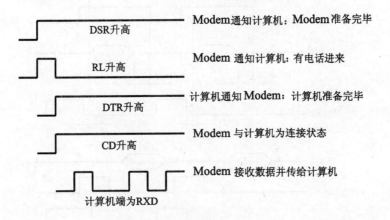

图 7.9 计算机接收数据的流程

232IF 可依照 BFM♯0 的 b9 及 b8 的设置值来区分各种通信的流程,其分类如下所述。

① (b9,b8)=(0,0):此项的通信流程如图 7.10 所示。
② (b9,b8)=(0,1):此项的通信流程如图 7.11 所示。
③ (b9,b8)=(1,1):此项的通信流程如图 7.12 所示。

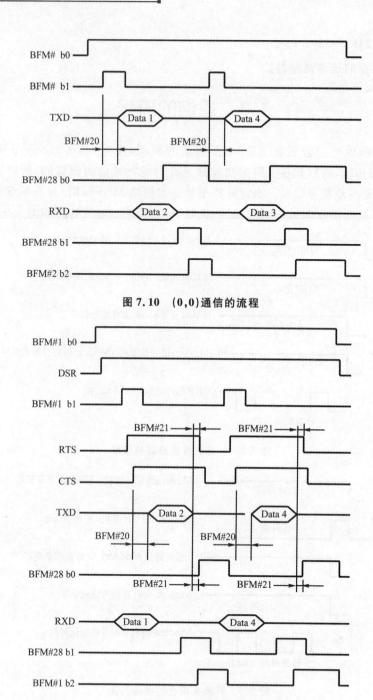

图 7.10 (0,0)通信的流程

图 7.11 (0,1)通信的流程

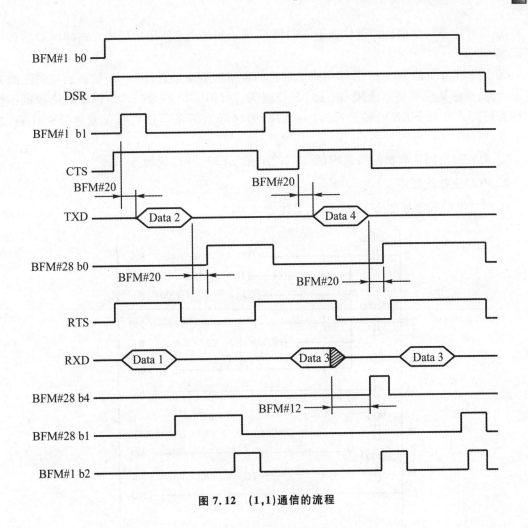

图 7.12 (1,1)通信的流程

7.4 实例分析

本节利用 6.5 节中的条码作为与 232IF 通信的实例进行介绍。当 232IF 要与条码读取机通信时,其建立的步骤如下所述。

1. 设置条码读取机的通信参数

本例采用的通信参数及协议,如下所示:

① 硬件握手 条码读取机与 232IF 通信时,采取半双工的模式,即 232IF 仅有接收的动作,故只需要 RTS 及 CTS 的引脚用于硬件握手。

② 通信参数 采用 9 600 bps 的传输速度;奇同位的同位检查;8 位的数据位数;1 位的停止位。

③ 起始码及结束码 不使用起始码;使用 EOT(04H 的 ASCII 码)的结束码。

2. 设置 232IF 的通信参数

设置条码读取机的通信参数后,232IF 就配合条码读取机的通信参数作相关的设置。232IF 的通信参数如下列的设置:

① 为对应条码读取机的硬件握手，故 232IF 须采用图 7.2 所示的配线方式，但 CD 引脚可不配接。

② BFM#0 中的 b0~b7 依照条码读取机的通信参数来设置；b8~b9 依照通信的配线方式来设置；因条码读取机不使用 CR 及 LF 控制码，故(b10,b11)为(0,0)；因条码读取机不使用检查码及 ASCII/HEX 的转换，故(b12,b13)为(0,0)；因条码读取机仅发送 ASCII 码，故 b14 为 1。

③ 为对应条码读取机的结束码，所以 232IF 的 BFM#4 设置为 04H。

3. PLC 主机的程序

PLC 主机的程序如图 7.13 所示，其具体含义为：

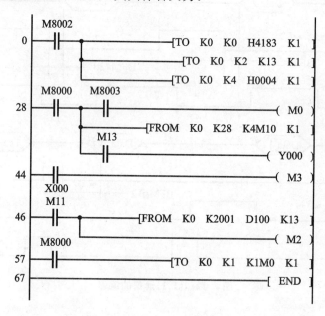

图 7.13　PLC 的程序

① 第 0 行　用于设置通信参数及协议。

② 第 28 行　其中，M0 是用于第 57 行的 BFM#1(b0)驱动，且当 BFM#1 的 b0=1 时，第 0 行无法执行。为了避免此现象，所以采用 M8003 使得 PLC 为初始时，M0 无法被驱动；M10~M15 用于显示通信的状态，而其中的 M13 会显示通信的异常并以 Y0 用于异常指示灯的输出。

③ 第 44 行　用 X0 驱动 M3，而 M3 用于第 57 行的 BFM#1(b3)驱动。

④ 第 46 行　当 X11 为 ON 时(即接收完成时)，会将 232IF 的接收数据转存至 PLC 主机的 D100~D112 中；转存完成后，以 M2 来驱动第 57 行的 BFM#1(b2)。

⑤ 第 57 行　驱动 232IF 的 BFM#1。

4. 执　行

程序及配线建立完成后，用扫描仪扫描图 7.14 的条码后，可于 PLC 编程软件的监控画面下看到以 ASCII 码的十进制值表示的 D100~D112 的值，如图 7.15 所示(详见附录 B)。

232IF 的应用中，除了可以采用半双工的通信之用，也可与计算机进行双工式的监控通信,如图 7.16 所示的实例。

图 7.16 所示的实例是利用 HEX 码及 16 位的数据寄存位数作为数据的通信格式,并以 X0 的触发来将 T1～T2 的值,以 4 个字符的 HEX 码作为 PLC 的发送数据,且将 PLC 可接收 4 个字符的 HEX 码写入 D100～D101 中。

当以图 7.16 所示的程序作为 PLC 监控系统的开发时,PLC 需要编写许多程序,而监控的数据量又不多。所以,当需要监控 PLC 的 X、Y、M、D、C 及 T 元件的动作或数值时,大都采用计算机通信形式(computer link),同时该通信形式还可以用于多台 PLC 的监控以达到集中监控的目的。有关计算机通信形式的通信方法,本书会于第四篇中详细介绍。

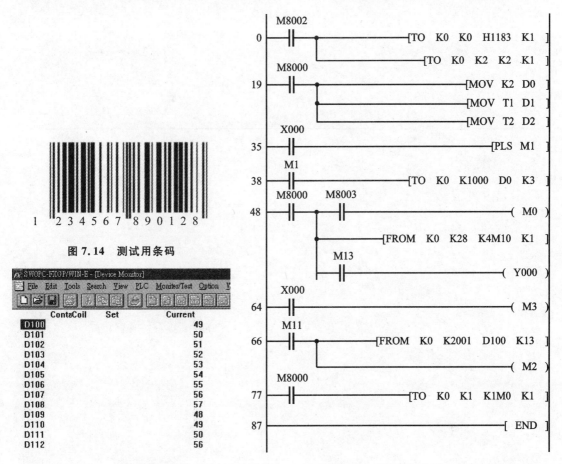

图 7.14 测试用条码

图 7.15 PLC 的接收数据

图 7.16 用于监控的实例

第三篇　EXCEL 下的监控

第 8 章　前　言

第 9 章　SW3D5F – CSKP – E 的使用

第 10 章　SW3D5F – OLEX – E 的使用

第 11 章　监控实例分析

第 12 章　本篇小结

第 8 章

前　言

　　三菱工业除了提供 FX 系列的 PLC 外,也提供与 PLC 机电控制相关的设备(如程序书写软件、监控软件、人机界面或书写器等)。这些与 PLC 配合的设备都是利用 PLC 的程序书写口进行链接,如图 8.1 所示;另外,一些人机界面也都是利用此口进行链接的。

　　当人机界面采用 PLC 程序书写口链接时,如图 8.2 所示,同时又需要以 PLC 书写器用于数据的监控时就发生了冲突。针对此问题,三菱提供了用于扩展程序书写口的相关的通信模块。PLC 的程序书写口的通信形式为 RS-422,所以,与程序书写口有相同功能的扩展通信模块即为 422BD 的型号,外观如图 8.3 所示。

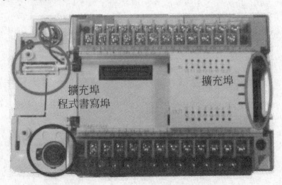

图 8.1　FX 系列 PLC 可链接用口

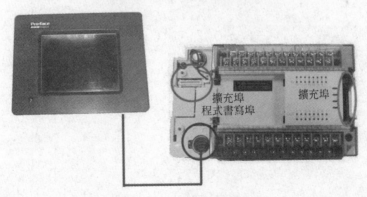

图 8.2　PLC 与人机界面链接

用计算机对 PLC 的程序进行读/写时,都是利用计算机的串行口与 PLC 的程序书写口进行链接。这就需要一个转换器用于通信信号的转换,这是因为计算机的串行口为 RS-232 信号,而 PLC 的程序书写口为 RS-422 信号,所以需要一个 RS-232 与 RS-422 的信号转换器。PLC 的外围设备中,有些使用 RS-232 的信号,所以 PLC 也提供能与外围设备链接用的 RS-232 通信模块,型号为 232BD,其外观如图 8.4 所示。

图 8.3　422BD 的外观　　　　图 8.4　232BD 的外观

外围设备的链接形式,除了可以应用于程序书写软件、人机界面及书写器外,从能应用于计算机监控方面考虑,就属三菱最新提供的用于监控的 SW3D5F-CSKP-E 及 SW3D5F-OLEX-E 软件。此软件不但价格便宜且能在 Windows 的 EXCEL 软件下作 PLC 状态的监控,本书会于后续章节中详细介绍该软件。

第9章 SW3D5F-CSKP-E 的使用

SW3D5F-CSKP-E软件主要用于提供计算机与PLC间的数据交换,且主要针对三菱大型主机(如A、Q型号主机)及CC-Link。但是本书将针对如何运用SW3D5F-CSKP-E所提供的CPU COM的功能来达到多台FX系列PLC能在EXCEL下实现集中监控的目的。

9.1 SW3D5F-CSKP-E 的安装

SW3D5F-CSKP-E软件安装的步骤如下:

① 将光盘放入光驱中,并于"控制面板→增加/删除程序"内选择软件的安装执行文件进行安装操作,安装执行文件的路径如图9.1所示。

图 9.1 安装的执行文件及路径

② 在如图9.2所示的User Information对话框中键入姓名及公司名称。
③ 在如图9.3所示的Input ProductID对话框中键入软件的序号,软件的序号可通过

SW3D5-CSKP-E\ read_me.txt 查看。

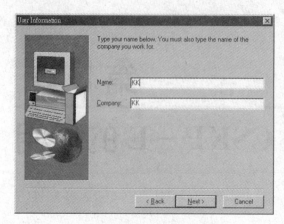

图 9.2　User Information 对话框

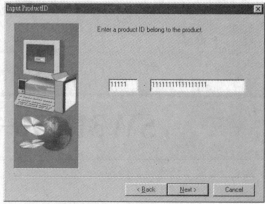

图 9.3　Input ProductID 对话框

④ 在图 9.4 所示的 Select Components 对话框中选择相应选项,其中 PLC COM 复选框必须选中。

⑤ 安装完成后,于图 9.5 所示的 Setup Complete 对话框中选择重启计算机选项。

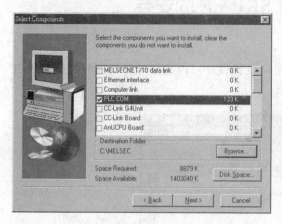

图 9.4　Select Components 对话框　　　　图 9.5　Setup Complete 对话框

9.2　SW3D5F-CSKP-E 的使用

SW3D5F-CSKP-E 软件的主要功能是使 PLC 与计算机建立链接,FX 系列的 PLC 应选择 CPU COM 建立链接,建立过程如下所示:

1. 启动 CPU COM Utility

选择如图 9.6 所示的"程序"|Melsec application|Communication support(CSKP-E)|CPU COM Utility 选项。

2. 设置链接方式及通信参数

在如图 9.7 所示的选项卡中,首先设置计算机的串行口,如"41:PLC COM Port(COM1)"

表示计算机以 COM1 串行口与 PLC 链接;第二,由于采用计算机与 PLC 程序书写口链接,所以不用设置 Logican Station No;第三,在 Connect CPU Name 复选框中选择 FXCPU 选项;最后单击 Set 按钮完成设置。

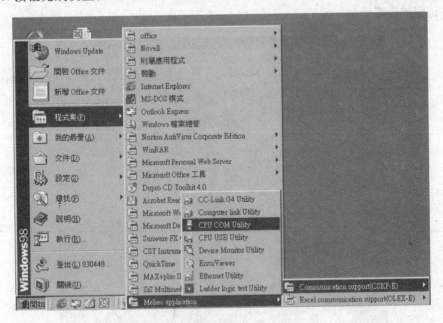

图 9.6 CPU COM Utility 的启动

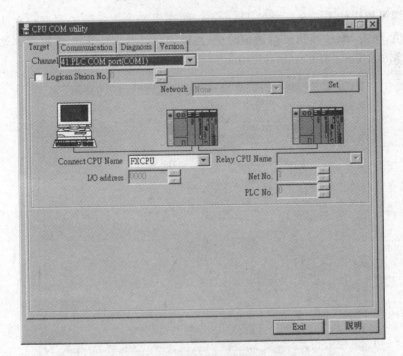

图 9.7 Target 选项卡

接下来设置如图 9.8 所示的 Communication 选项卡,Communication 主要用于设置通信参数，首先，设置通信速率 Baud rate，此项设置当然是通信速率越高则数据响应时间越短越好，但也须考虑在高通信速率下易被外部电气干扰的问题；第二步，设置 Time out value(sec)，即设置一个无法建立通信的时间值，并以此值用于判定通信是否异常，一般设为 10 s；最后，单击 Set 按钮完成设置。

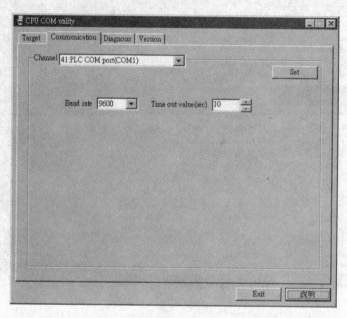

图 9.8　Communication 选项卡

接下来即可使用如图 9.9 所示的 Diagnosis 的选项卡来作通信的测试。在此对话框中各项值为默认值，单击 Start 按钮进行通信测试，测试完后可看到计算机与 PLC 对数据交换的平均通信时间 Mean Time of Communication。

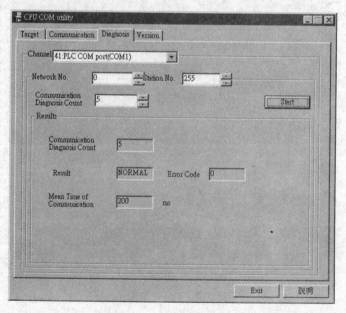

图 9.9　通信测试选项卡

3. 建立链接

此时可进行 PLC 与计算机链接的接续,其接续方式与计算机读/写 PLC 程序的方式相同。当链接线接续完成后,并将 PLC 设置为 RUN 状态时,即可利用软件所附的监控程序完成 PLC 各元件的读/写。

监控程序由 Device Monitor Utility 启动,其启动方式如图 9.6 所示。Device Monitor Utility 的使用过程中,首先设置链接模式(路径为 Setting|Network Setting),而链接模式须设置为"41:PLC COM port(COM1)",并选择链接站为 Own Sta.(本站),单击 Execute(执行)按钮,即开始以"41:PLC COM port(COM1)"的设置内容进行链接,如图 9.10 所示。

链接模式设置完成后,可以开始载入 PLC 的元件数据(路径为 Setting|Device setting),这

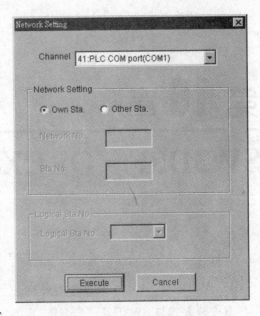

图 9.10 设置链接模式的对话框

样即可看到 PLC 元件的值;而要看其他 PLC 元件的值时,须重复 Device setting 并选择其他元件,如图 9.11 所示。在 PLC 元件的数据显示栏位中,可双击再键入元件值。

SW3D5F-CSKP-E 软件主要是建立 PLC 与计算机的链接模式,而建立链接模式后,最重要是给 SW3D5F-OLEX-E 软件建立 PLC 元件的标志(tag)并通过 DDE(Dynamic Data Exchange,动态数据交换)用于与其他应用软件(如 VB)数据交换。此外,它也可利用 Windows 的 Excel 用于 PLC 的监控。

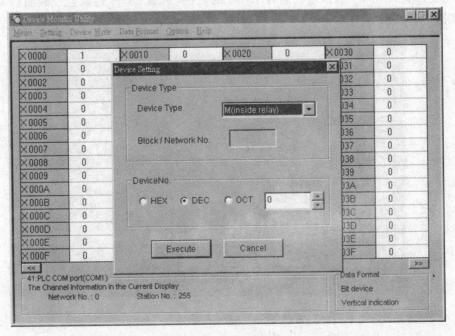

图 9.11 PLC 元件的载入

第10章

SW3D5F-OLEX-E 的使用

本章将在第9章设置的链接模式基础上,继续介绍 SW3D5F-OLEX-E 的使用说明。

1. SW3D5F-OLEX-E 软件的安装

其安装方式与 SW3D5F-CSKP-E 的安装方式相同,只是安装执行的路径为\SW3D5-OLEX-E\disk1\Setup.exe。

2. 启动 Environment setup utility

选择如图 10.1 所示的"程序|Melsec application|Excel communication support(OLEX-E)|Tag management|Environment setup utility"选项。

3. 设置链接文件

键入文件名称。Start up file name 的列表框中的内容表示 Tag management process 执行后,哪些应用程序自动执行,若仅运行 Excel 的监控,则当 Excel 建立监控画面后其会自动设置,如图 10.2 所示。

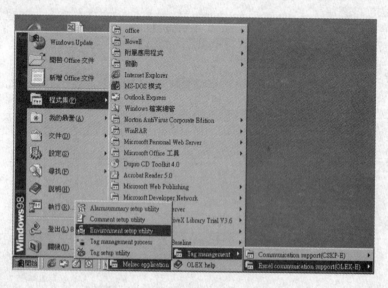

图 10.1 启动 Environment setup utility

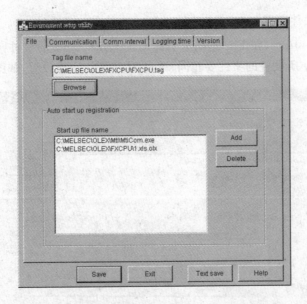

图 10.2 链接环境所存储的文件设置

4. 链接模式的命名

将 9.2 节中已设置好的"41:PLC COM Port(COM1)"设置一个自己想要的名称,如可设置为 FXCPU,再单击 Save 按钮完成设置,如图 10.3 所示。

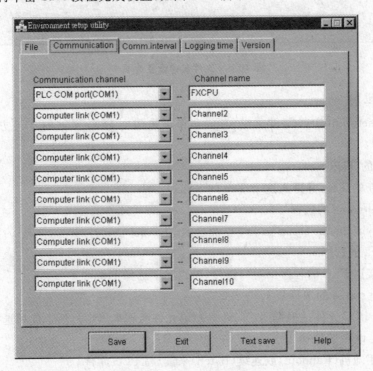

图 10.3 链接模式的设置

5. Tag 的存储文件设置

启动 Tag setup utility,在 File 选项卡中键入 Tag file name 的文件,此文件名称与 Environment setup utility 所设置的文件要相同,单击 Save 按钮完成设置,如图 10.4 所示。

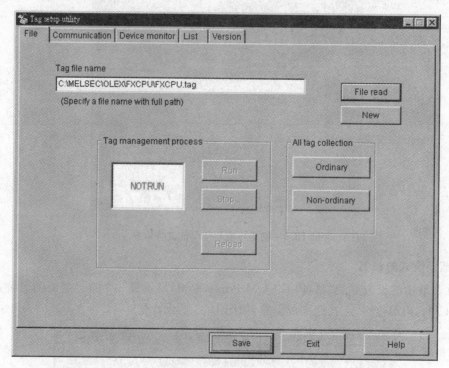

图 10.4　文件名称设置选项卡

6. Tag 的设置

选择 Tag setup utility|Communication 菜单项来建立 PLC 元件的 Tag 方式,如图 10.5 所示,其步骤为:

1) 建立新的 Tag(New tag)

建立一个新的 Tag,并键入这个 Tag 的名称。

2) Channel name 的选择

选择在 Environment setup utility 已命名的 Channel name。

3) Network 的选择

因采用直接以 PLC 的程序书写口链接,所以此项选择 Host。

4) Comm. status 的选择

因读/写的 PLC 元件是根据 X、Y、M 等规定元件名称来读/写,所以此项选择 Valid。

5) Comm. type 的选择

可选择采用随机(Random)或连续(Batch)来读/写 PLC 元件。

6) Device 的设置

当 Comm. type 选择 Random 时,可于同一个 Tag 下设置许多不同的元件,但每个元件仅能读/写一个元件编号。

第10章 SW3D5F-OLEX-E的使用

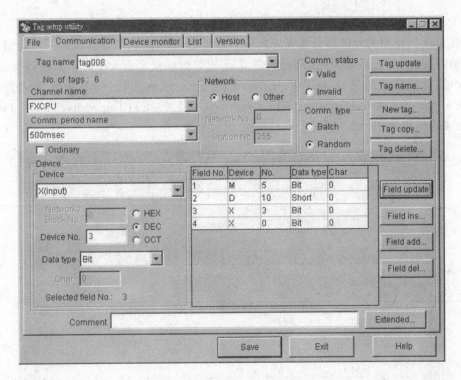

图 10.5 随机元件编号的设置

当 Comm. type 选择 Batch 时,同一个 Tag 下仅能读/写一种元件,但可读/写连续性的元件编号,如图 10.6 所示。

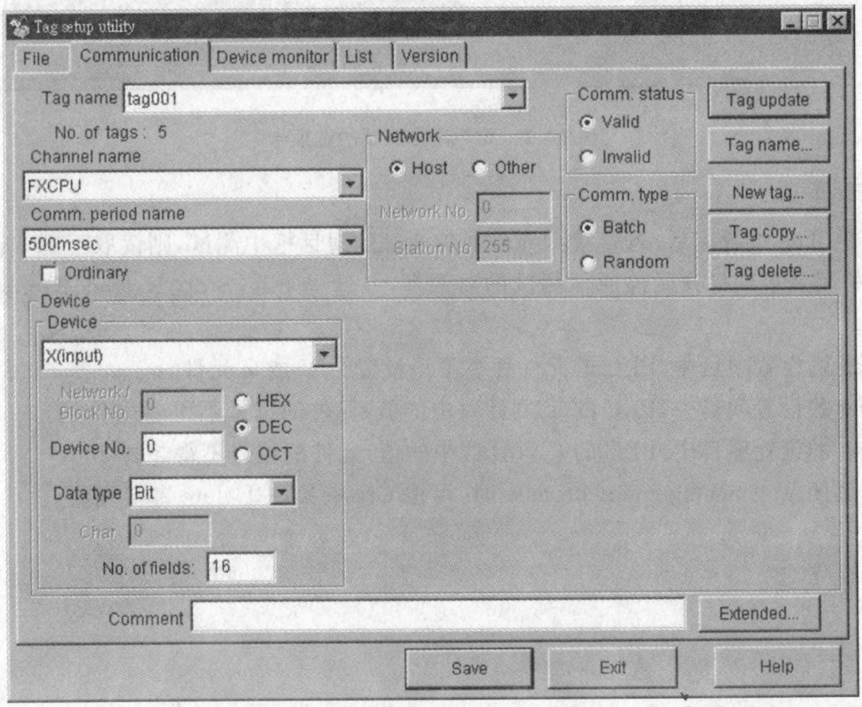

图 10.6 连续元件编号的设置

7) Device monitor 元件通信测试

当各 Tag 所使用的元件都设置完成后接下来就是测试,测试中可确认 PLC 与计算机链接是否正确,若测试时无异常发生,则可将各 Tag 的数据链接至 Excel 的存储表格中。Device monitor 前,计算机必须先载入 Tag management process 应用程序,其载入方式为:"程序|Melsec application|Excel communication support(OLEX－E)|Tag management|Tag management process",如图 10.7 所示。

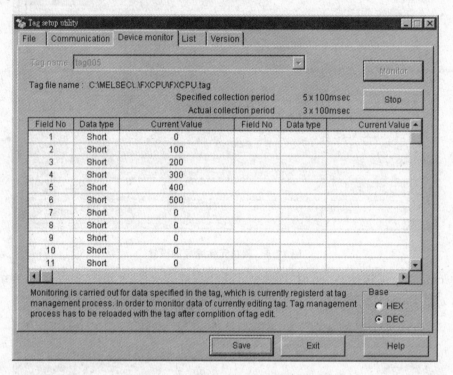

图 10.7　元件通信测试的选项卡

7. 注意事项

① 新的 Tag 设置完成后,若直接到元件通信测试的对话框中测试,则读取不到 Tag,此时应先存档并关闭及重新打开元件通信测试的对话框,并选择 File|Stop|Reload|Run 菜单项,再通信测试。

② Tag 的设置项目中,PLC 的元件种类不得设置为 V 或 Z 元件。

③ Tag 的设置项目中,PLC 的 TN(计时中的值)元件的编号不得超过 200。

④ Tag 的设置项目中,PLC 的 CN(计数中的值)元件的编号不得超过 200。

⑤ 当关闭 Tag management process 时,可按 Ctrl＋Alt＋Delete 键实现。

第 11 章

监控实例分析

11.1 单台 PLC 的监控实例

本文将第 9 章中设置的链接模式作为 Excel 对 PLC 的监控实例进行分析,具体分为以下几个方面:

1. 硬件配置

① 使用 FX 系列 PLC 中有 16 点输出/输入的主机。

② 以 FX-422CAB0 通信线连接 PLC 的程序书写口,且此连接以 FX-232AWC(RS422 与 RS232 通信信号的转换)与市购的 RS-232 通信线连接,最后将 RS-232 通信线连接至计算机的 COM1 串行口上。

2. PLC 的动作

① PLC 使用 5 个计时器(T0~T4),并以 D0~D4 分别计时。

② 每个计时器分别以 M0~M4 作驱动。

③ 每个计时器计时完后分别驱动 Y0~Y4。

④ PLC 的程序为:

```
LD    M0
OUT   T0 D0
LD    T0
OUT   Y0
LD    M1
OUT   T1 D1
LD    T1
OUT   Y1
LD    M2
OUT   T2 D2
LD    T2
OUT   Y2
```

```
LD    M3
OUT   T2 D3
LD    T3
OUT   Y3
LD    M4
OUT   T4 D4
LD    T4
OUT   Y4
```

3. EXCEL 监控的要求

① 能监控 X017 及 Y017 的状态。

② 能监控计时器的值,并以直方图来显示。

③ 能控制 M0~M4 的开或关。

④ 能写入 D0~D4 的值。

4. SW3D5F－CSKP－E 的设置

此项设置详见第 9 章介绍。

5. 建立的 Tag 名细

本例中,需要建立的 Tag 名细如表 11.1 所列。

表 11.1 需要建立的 Tag 名细

Tag name	Comm. Type	Device	Device No.	Data type	No. of fields
tag001	Batch	X	0	Bit	16
tag002	Batch	Y	0	Bit	16
tag003	Batch	TN	0	Short	16
tag004	Batch	M	0	Bit	16
tag005	Batch	D	0	Short	16

6. EXCEL 的操作

以 SW3D5F－OLEX－E 软件用于 PLC 元件的监控,其操作方式为:

① 打开 EXCEL 并选择"工具"|"增益集"菜单项,弹出如图 11.1 所示的对话框,单击"浏览"按钮载入 Melsec\Olex 下的 OLEX2000.xla 或 OLEX97.xla 文件,如图 11.2 所示,并选中"增益集"对话框内新增的 OLEX 复选框。

最后关闭 EXCEL,待载入 Tag management process 后即可打开 EXCEL。

② 用 EXCEL 分别建立"读""写"及"曲线"的 Sheet,并建立各窗口画面。也可仅建立一个窗口作为 EXCEL 的监控画面,但当读写的数据量大时,应分别设置各种属性的窗口,当然窗口的使用

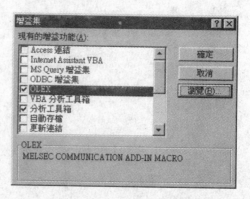

图 11.1 增益集对话框

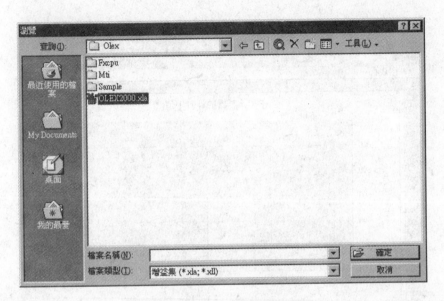

图 11.2 载入 OLEX 的增益集对话框

数量及画面设计都是以美观为原则。

图 11.3 是读取 PLC 元件数据的画面,此画面中已输入 T0_N～T4_N 的各项值,其目的是为了方便曲线页面的设计,在 PLC 监控模式下时,这些值即为 PLC 内的 TN0～TN4 的值。

图 11.4 为写入 PLC 元件数据的画面,此画面中已输入各 PLC 元件的值,其目的是为了使监控开始运作时,计算机会将这些值先行写入各个 PLC 元件内,以作为监控的初始值。若不想设置初始值,可于该元件的存储表格设置为空白。

| 图 11.3 EXCEL 中"读"窗口 | 图 11.4 EXCEL 中"写"窗口的设计画面 |

图 11.5 为利用(读)窗口中的 T0_N～T4_N 的读取值在此窗口以直方图方式显示。

③ 在 EXCEL 各窗口中,建立各存储表格所须链接的 Tag(标签)。在"读"窗口中,框选 B1:B16 后选择 OLEX|cell setup|monitor setup/revision 菜单项,此时弹出如图 11.6 所示的对话框,键入存储区的名称后,即开始作这存储区所使用的 Tag 设置,如图 11.7 所示。

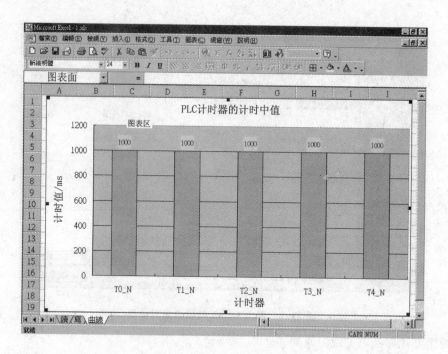

图 11.5　EXCEL 中"曲线"的窗口

图 11.7 中，Tag name 表示存储表格是使用 tag001 的数据；Field No. 表示以 tag001 中的第 1 次数据为起始，依序写入 B1：B16 中；Communication mode 设置为 Read，则表示此存储表格为只读的形式；Refresh timing 设置为 1 时，则表示每隔 1 s 作存储表格的数据更新；Consecutive direction 表示 tag001 内的各次数据依何种方向进行写入存储表格的动作。最后，单击 Register 按钮。

其他存储表格的 OLEX 设置方式与上述过程一样，仅在"写"的窗口中进行，其各存储表格于 Tag 为写入的动作，即选择 Communication mode|Write 菜单项。

④ 上述完成后，接下来选择 OLEX|Cell area name valid/invalid 菜单项，弹出如图 11.8 所示的对话框，设置各 Cell area name 都为 valid；若设置为 invalid，则此处 Cell area name 的存储表格不会有数据的链接动作。

选择 OLEX|Auto start‐up set/release 对话框，弹出如图 11.9 所示的对话框，此项设置的意义是载入 Tag management process 时，是否将 EXCEL 设为自动打开的监控画面，若设置为 Enabled，系统会请求输入要载入的 EXCEL 的文件名称。

7. 执　行

欲执行在 EXCEL 建立的监控画面时，须先载入 Tag management process，当此程序载入后随即会开启 EXCEL 所建立的监控画面，使得监控画面处于即时的监控模式，此时"写"窗口内容先写入 PLC 的元件内。

当 EXCEL 处于监控链接的状态时，除了可在"读"窗口中看到 PLC 各元件值，也可于"写"窗口中写入 PLC 元件值。如图 11.10 所示的窗口中，在 M2 所对应的存储表格中写入 TRUE 并单击 Enter 键后，PLC 的 M2 即被 SET。

第11章 监控实例分析

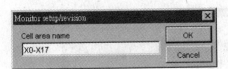

图 11.6 Monitor setup/revision 对话框

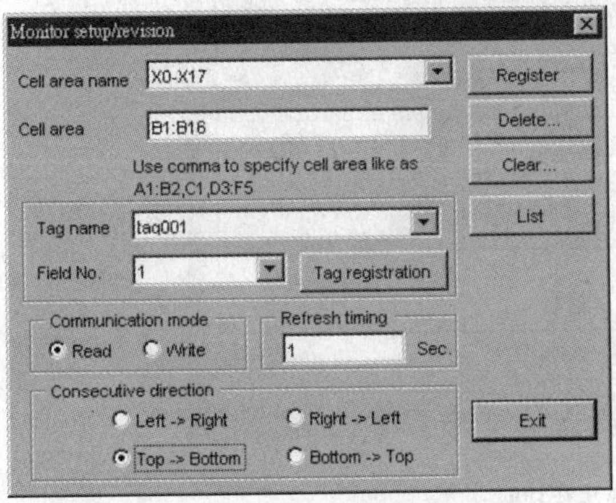

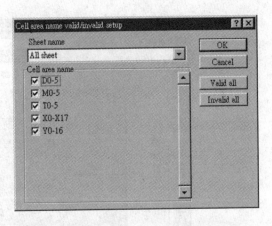

图 11.8 Cell area name valid/invalid setup 对话框

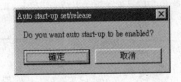

图 11.9 Auto start – up set/release 对话框

图 11.7 用于建立链接的 Tag

此时可在"曲线"窗口中看到 T2_N 的值正在变化,这样即表示 T2 正在计时中,如图 11.11 所示。

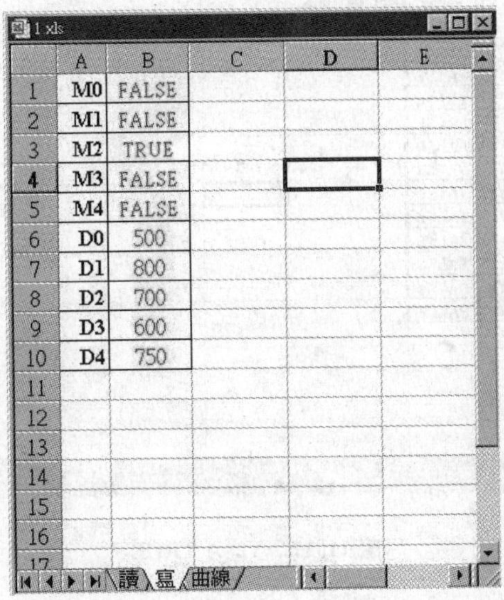

图 11.10 M2 设置为 TRUE

当 T2 计时到 D2 的设置值时,此时可在"读"窗口中看到 Y2 的值为 TRUE,这样即表示 Y2 的接点已处于"ON"状态,如图 11.12 所示。

当想要将 EXCEL 所建立的监控画面能在计算机开机后即自动开启时,仅须在 Windows 程序的启动项目中新增 Tag management process 的程序。

图 11.11　T2 正在计时

	A	B	C	D	E	F
1	X0	TRUE	Y0	FALSE	T0_N	0
2	X1	FALSE	Y1	FALSE	T1_N	0
3	X2	FALSE	Y2	TRUE	T2_N	700
4	X3	FALSE	Y3	FALSE	T3_N	0
5	X4	FALSE	Y4	FALSE	T4_N	0
6	X5	FALSE	Y5	FALSE		
7	X6	FALSE	Y6	FALSE		
8	X7	FALSE	Y7	FALSE		
9	X10	FALSE	Y10	FALSE		
10	X11	FALSE	Y11	FALSE		
11	X12	FALSE	Y12	FALSE		
12	X13	FALSE	Y13	FALSE		
13	X14	FALSE	Y14	FALSE		
14	X15	FALSE	Y15	FALSE		
15	X16	FALSE	Y16	FALSE		
16	X17	FALSE	Y17	FALSE		

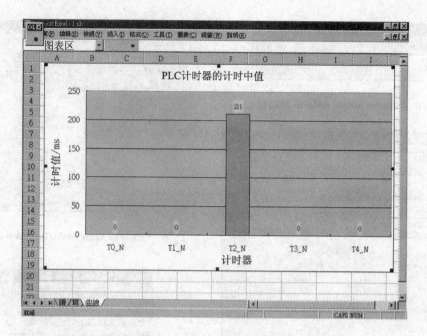

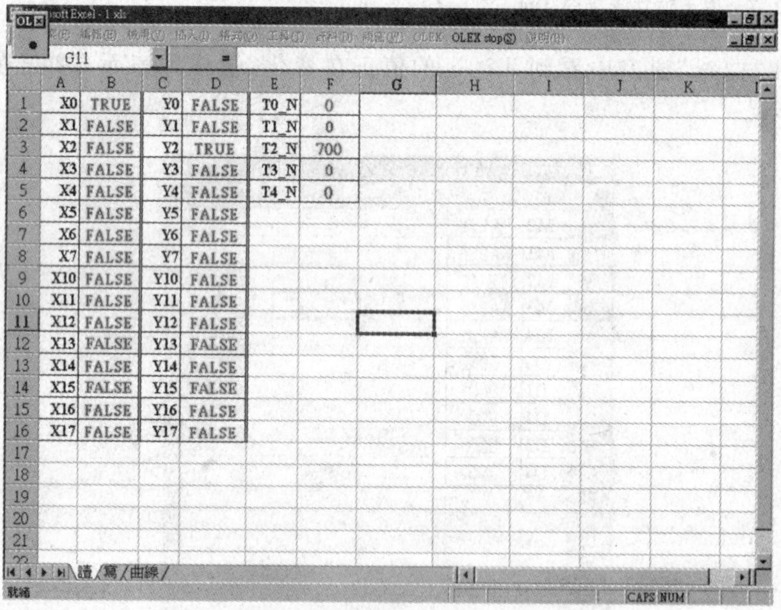

图 11.12　Y2 为 TRUE

11.2　8台PLC的监控实例分析

11.2.1　集中监控的建立

在11.1节的实例中，仅以一个计算机串行口来作单台的PLC监控，若多台PLC须作监控且仅使用一个计算机的串行口,除了可以利用 Computer Link 来建立监控外,也可将 Computer Link 运用方式与网络链接形式(N:N network)整合,这样即可达到利用一个计算机并行口实现 8 台 PLC 的集中监控的目的,如图 11.13 所示。

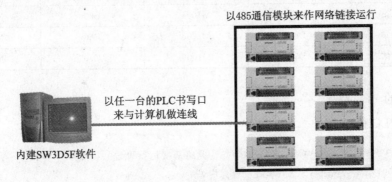

图 11.13 集中监控图

在图 11.13 中,可利用网络链接模式下能用于数据共享的 M 及 D 元件作为计算机中的 Tag,这样由 EXCEL 来读/写各台 PLC 的元件,即可作成简易的集中监控系统。

11.2.2 实例分析

具体分为以下几个步骤:

1. 硬件配置

① 使用 8 台 FX2N 系列的 PLC 来作网络链接运行,其配线图详见 3.2 节中的介绍。

② 以 FX-422CAB0 通信线链接主站的程序书写口,且此链接线以 FX-232AWC(RS422 与 RS232 通信信号的转换)与 RS-232 通信线链接,最后将 RS-232 通信线连接至计算机的 COM1 串行口上。

2. 各站 PLC 的动作

① 各站 PLC 均有一个计时器(T0)。
② 各站中的 T0 及驱动接点须由计算机来控制。
③ 各站中的 T0 及 T0 接点的状态可由计算机监控。

3. 多台 PLC 的监控

D8178 设置为 2,则计算机可由主站间接监控各从站的 PLC 元件,详见表 11.2 所列。

表 11.2 用于计算机监控的 PLC 元件

站 号	用于计算机控制的 PLC 元件		用于计算机监控的 PLC 元件	
	T0 的值	驱动 T0	T0_N 的值	Y0 状态
主站	D100	M1	D101	M2
N0.1 从站	D0	M1000	D10	M1064
N0.2 从站	D1	M1001	D20	M1128
N0.3 从站	D2	M1002	D30	M1192
N0.4 从站	D3	M1003	D40	M1256

续表 11.2

站 号	用于计算机控制的 PLC 元件		用于计算机监控的 PLC 元件	
	T0 的值	驱动 T0	T0_N 的值	Y0 状态
NO.5 从站	D4	M1004	D50	M1320
NO.6 从站	D5	M1005	D60	M1384
NO.7 从站	D6	M1006	D70	M1448

4. 主站的 PLC 程序

主站的 PLC 程序为：

```
LD    M8038           ;以 M8038 作为网络链接运行设置的接点
MOV   K0 D8176        ;本机设置为主站
MOV   K2 D8177        ;从站共有 2 台
MOV   K2 D8178        ;使用"P2"通信元件
MOV   K4 D8179        ;重试的通信次数设置为 4 次
MOV   K8 D8180        ;通信逾期时间设置 8 ms
LD    M1              ;M1 由计算机控制
OUT   T0 D100         ;D100 由计算机控制
LD    T0              ;T0 接点"ON"时
OUT   M2              ;M2 可由计算机监控
LD    M8000           ;PLC 于 RCU 的状态时
MOV   T0 D101         ;将 T0 的计时中的值传给 D101,并由计算机监控
```

5. NO.1 从站的程序

NO.1 从站的程序为：

```
LD    M8038           ;以 M8038 作为网络链接运行设置的接点
MOV   K1 D8176        ;本机设置为 NO.1 从站
LD    M1000           ;M1000 由计算机控制
OUT   T0 D0           ;D0 由计算机控制
LD    T0              ;T0 接点"ON"时
OUT   M1064           ;M1064 可由计算机监控
LD    M8000           ;PLC 于 RCU 的状态时
MOV   T0 D10          ;将 T0 的计时中的值传给 D10,并由计算机监控
```

6. 其他从站的程序

其他各从站的程序与 NO.1 从站的程序类似，但须参照表 11.3 来设置。

7. SW3D5F-CSKP-E 的设置

详见第 9 章介绍。

8. 建立 Tag 名细

如表 11.3 所列。

9. EXCEL 的操作

因监控的 PLC 元件不多,故可以采用一个窗口用于监控,如图 11.14 所示,各 EXCEL 的存储表格所需要链接的 Tag 设置方法详见 11.1 节的介绍。

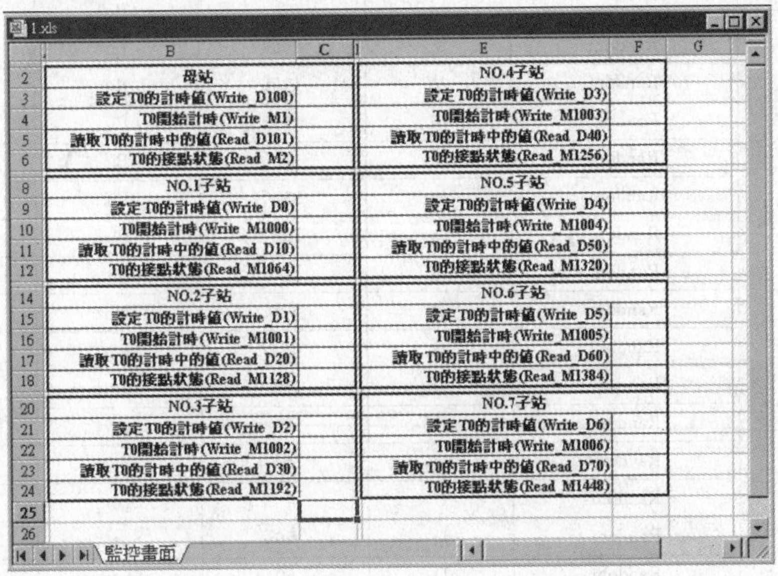

图 11.14　EXCEL 下所设计的监控画面

10. 执　行

执行的监控画面中,这里利用网络链接运行的模式,以监控主站对其他各从站相互共享的 PLC 元件,并以间接的方式来达到集中控制的目的,如图 11.15 所示。

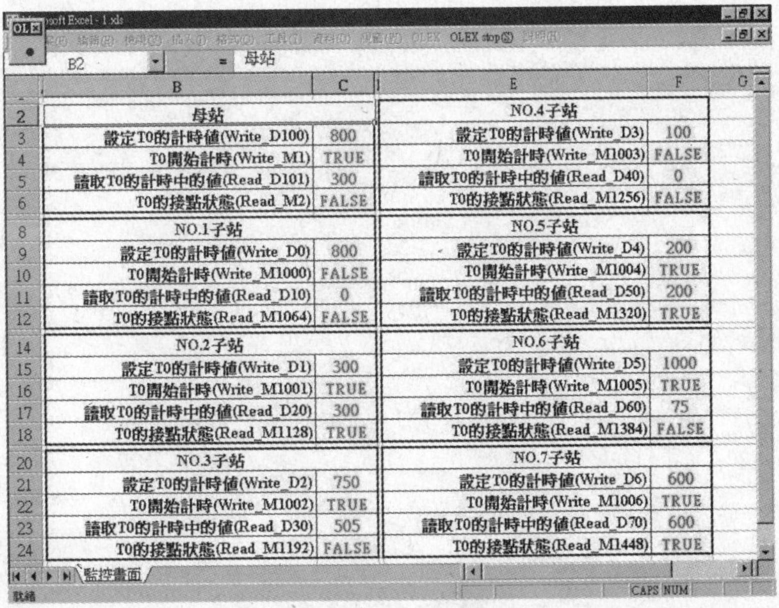

图 11.5　监控对话框

FX系列PLC的链接通信及VB图形监控

表 11.3 本实例需要建立的 Tag 名细

Tag name	Comm. Type	Device	Device No	Data type	No. of fields
tag001	Random	M	1	Bit	1
	Random	M	2	Bit	2
	Random	M	1064	Bit	3
	Random	M	1128	Bit	4
	Random	M	1192	Bit	5
	Random	M	1256	Bit	6
	Random	M	1320	Bit	7
	Random	M	1384	Bit	8
	Random	M	1448	Bit	9
	Random	D	100	Short	10
	Random	D	101	Short	11
	Random	D	10	Short	12
	Random	D	20	Short	13
	Random	D	30	Short	14
	Random	D	40	Short	15
	Random	D	50	Short	16
	Random	D	60	Short	17
	Random	D	70	Short	18
tag002	Batch	M	1000	Bit	16
tag003	Batch	D	0	Short	16

第 12 章 本篇小结

利用 SW3D5F 软件实现 EXCEL 监控时,仅需要作应用软件的设置而不需要复杂的程序设计,此种方式可以迅速达成 PLC 集中监控的目的,但是此种监控模式还存在下列问题:

1. 无可视化的效果

EXCEL 窗口中仅能以数值来表示元件的状态,无法以指示灯、压力表及按钮开关等,来作可视化的图形监控,图 12.1 即为可视化图形监控界面。

2. 局限性

以网络链接模式来达到计算机集中监控时,其所能监控的元件数量会受数据共享数的限制。

3. EXCEL 无法使用其他应用元件

例如,将 PLC 的监控数据通过网络传送给其他计算机时,则必须应用其他软件(如 VB)来完成。

4. 响应时间长

每个 PLC 元件在 EXCEL 存储表格中响应的时间均需要 1 s 以上,所以在高响应速度的监控要求中无法满足需要。

为解决上述问题,须利用 PLC 另一通信模式即 Compuer Link,并且再搭配 VB 程序的设计才能达到 FX 系列 PLC 与计算机链接的可视化图形集中监控系统的目的,本书会于第四篇中详细介绍这种方法。

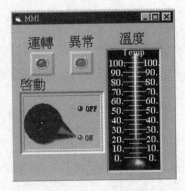

图 12.1 可视化的图形监控界面

第四篇　VB 图形监控系统

第 13 章　前　言

第 14 章　VB 的概述

第 15 章　MSComm 元件的介绍

第 16 章　PLC 计算机通信模式的配线

第 17 章　PLC 的通信

第 18 章　形式 1 的单元操作

第 19 章　形式 4 的单元操作

第 20 章　用于监控的程序

第 21 章　读取时机

第 22 章　监控系统

第 23 章　控制系统

第 24 章　监控画面的显示

第 25 章　可视化的图形监控

第 26 章　网络的应用

第13章

前 言

FX 系列的 PLC 除了可用于链接运行及与 RS 指令通信外,还具有提供计算机通信(Computer Link)的功能。此处的计算机通信(Computer Link)与第二篇中的 PLC 串行通信是有异同的,相同点:两者都是以串行口与其他设备通信,所以都必须作串行口的参数设置;两者相不同点为:串行通信模式采用无协议的模式,而计算机通信模式则采用有协议的模式。计算机通信模式中,因其通信的数据有固定的格式,故可以用 16 台 PLC 与 1 台计算机来构成一个集中监控系统。

其中,"协议"表示在通信的数据中含有可控制读/写 PLC 元件的控制码,如串行通信模式中,计算机若传送"12345",PLC 会在接收到后,将数据存入 PLC 的数据寄存器内;计算机通信模式中,计算机若传送"02FFBR0X01000833",PLC 会依照"协议"的数据格式将接收到的数据进行处理,如"02FFBR0X01000833"被 PLC 接收后,PLC 会认定此数据的意思为"FF 号的计算机要求读取 02 号 PLC 的 X0100~X0107 之接点状态",此时 02 号 PLC 会以位的方式表示 X0100~X0107 的接点状态,并传送给计算机。

计算机通信模式中,因通信的数据为"协议"后的封装数据,所以计算机能利用协议的通信数据与 PLC 作一问一答的通信,如图 13.1 所示。

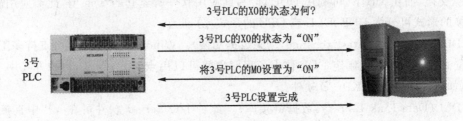

图 13.1 计算机通信模式示意图

由图 13.1 可知计算机通信模式的优点为:
- 计算机能以一个通信口与多台 PLC 数据通信,但最多为 16 台 PLC;
- 计算机能以一问一答的通信方式取得各台 PLC 元件的数据;
- 计算机能写入各台 PLC 元件的数据;
- 计算机可利用可视化(Visual)的图形表示 PLC 元件数据;

● 计算机可利用程序将 PLC 元件的数据记录或存于数据库内；

● 计算机可利用程序将 PLC 元件数据通过网络来传送。

PLC 的计算机通信模式,其实是为了达成 PLC 与计算机的"集中图形监控"的目的。PLC 的计算机通信模式以计算机为通信对象,故在计算机中所使用的软件必须具备能作串行口控制的性能;能做程序的书写;能设计可视化的图形界面;具有数据库管理的功能及能与其他软件整合等功能。

综观现行所使用的计算机监控系统来看,能达到上述功能的有四类,分别为：

① 第一类是以应用软件作为数据的通信及计算机图形监控,如 Intouch、Lookout 等,此类软件具有可视化图形监控、数据库管理及与其他软件整合的功能,且此类的应用软件不须程序设计,所以能容易且快速地实现计算机图形监控的目的,但其价格较高,其链接方式如图 13.2 所示。

② 第二类是以 VB、VC 或 C++Builder 等软件开发的监控系统,但因为需要设计用于通信的程序及监控画面,所以较为困难且完工时间较长,但是其成本较低,其链接方式如图 13.3 所示。

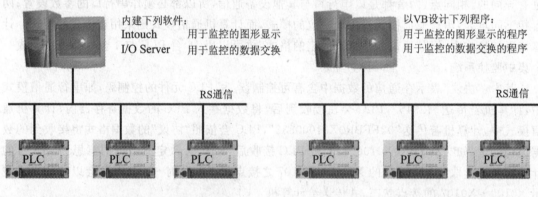

图 13.2　PLC 与 Intouch 链接示意图　　　　图 13.3　PLC 与 VB 链接示意图

③ 第三类类似为第一类及第二类的整合,即将类似第一类的 I/O Server 的应用软件与 PLC 数据交换,而在 VB 下,可利用 DDE 读/写此应用软件所建立的 Tag 值,此类应用软件的数据交换的形式可分为 DDE、DLL 或 OPC 的形式,分别为：

● DDE(Dynamic Data Exchange,动态数据交换)　Windows 操作系统可支持多工(即数个程序同时执行),故微软制定 DDE 使得各程序之间可以用点对点(即 Tag)的方式用于数据的交换,如 SW3D5F-CSKP-E 软件。

● DLL(Data Link Library,数据链接库)　此种 I/O Server 软件可在 VB 中直接读/写 PLC 控制器内的元件数据。

● OPC(OLE for Process Control,OLE/COM 界面控制)　因 DDE 占用的系统资源过于庞大,故一些 I/O Server 软件利用 OLE(Object Linking and Embedding,控件链接及嵌入)用于数据交换,如三维公司的 OPC Server 软件,如图 13.4 所示。

④ 当采用第三类的 I/O Server 软件用于数据交换时,虽然在 VB 中可以减少用于设计通信的程序,但 VB 的监控画面还是需要许多程序,所以要快速地完成监控系统又不花太多时间时,可以应用一些 VB 的应用元件用于监控的画面,此类应用元件称为 GUI(Graphical User

第13章 前　言

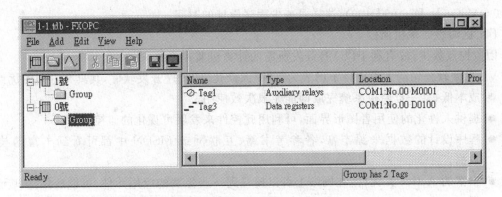

图 13.4　三维公司的 OPC Server 软件

Interface，使用者图形界面），此即为第四类，如飞扬科技所开发的 GUI 应用元件，如图 13.5 所示。

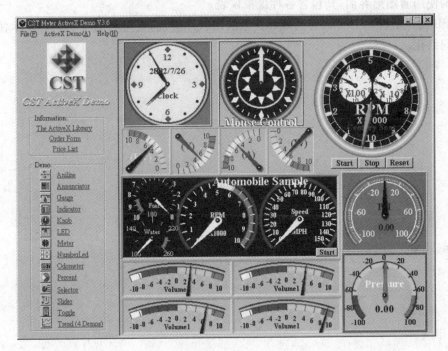

图 13.5　飞扬科技的 GUI 应用元件

本书主要介绍如何以 VB 来作计算机图形监控，虽然需要设计用于通信及可视化图形的程序较费时，但对于下列情况，可以大幅减少程序设计的时间：

(1) PLC 监控点有一致性

如监控十台同型的机器，因其各台 PLC 的监控点均相同，故仅需设计一套程序，再以套用方式来完成整个监控系统。

(2) 各监控系统有一致性

如有十处类似的监控系统，也仅需设计一套程序，其他系统再通过修改程序来实现。

(3) PLC 监控点有连续性

PLC 程序设计时，可利用 OUT 或 MOV 指令，将监控点设置为固定且连续性（如

99

M500~M800 及 D300~D400），这样可减少程序设计的时间。

(4) 区域性或单机监控

因监控点数少，故有利于以 VB 开发所需的计算机监控系统。

VB 在微软公司的大力推广下已成为一种"大众化"的程序开发软件，其具有下列的优点：

- 成本低，且一旦监控系统完成即能无限次数使用。
- 提供人性化的使用者图形界面，可利用此控件来发展可视化的监控图形。
- 程序设计的数据来源丰富，各参考书籍、互联网或 MSDN 中都可看到丰富的技术数据。
- 丰富的 Active X 元件，在网络上可以搜寻到一些免费的应用元件，可以应用这些元件用于动画或图形的显示。
- 若要在监控画面上显示更美观的灯号、开关、仪表、流向图或者要有曲线图的功能，可购买便宜又实用的 Active X 等应用元件作为监控中的使用者图形界面，如飞扬公司的使用者图形界面，其包含各种虚拟仪表。
- VB 的灵活性，VB 可以容易地和其他应用软件链接，更可利用 TCP/IP 技术使得监控网络化。

第 14 章

VB 的概述

计算机程序的开发软件中,最被大众广泛应用的软件即是 VB,因其程序语法较为简单易懂且参考书籍多,本章仅针对本书中使用到的控件、变量说明,未说明的项目会在实例中说明。

14.1 控 件

每一个控件都有其属性、方法及事件,而在程序中常以改变控件的属性作为表现方法,本节主要说明各控件最常用到的属性,对于控件的事件及应用方式会在各程序实例中说明。

1. 标签控制项(Label)

用于显示文字,其于工具箱的位置及外观如图 14.1 所示。
Label 控制项中,常用的属性为:
- Name　　　　控件的名称,可自行定义适当的名称。
- Caption　　　标签的标题。
- Font　　　　 标签标题显示的字型。
- ForeColor　　标签标题显示的颜色。

2. 文字框控制项(TextBox)

用于显示或输入文字,其于工具箱的位置及外观如图 14.2 所示。TextBox 控制项中,常用的属性为:
- Name　　　　控件名称,可自行定义适当的名称。
- Text　　　　 文字框显示的文字。
- Font　　　　 文字框显示文字的字型。
- ForeColor　　文字框显示文字的颜色。
- Visible　　　 决定文字框是否要隐藏。
- Multiline　　 文字框是否可多行显示。
- ScrollBar　　 当 Multiline 设置为 True 时,可设置文字框是否要卷轴显示。

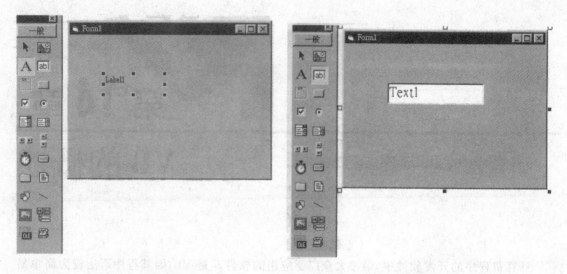

图 14.1 标签控制项　　　　　　　图 14.2 文字框控制项

3. 按钮控制项(CommandButton)

提供用于程序动作的事件,其于工具箱中的位置及外观,如图 14.3 所示。CommandBox 控制项中,常用的属性为:

- Name　　　　控件名称,可自行定义适当的名称。
- Caption　　　按钮上的标题。
- Style　　　　决定按钮上是否要有图片。
- Picture　　　希望出现在按钮上的 icon 档的图片。

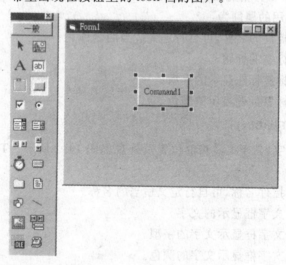

图 14.3 按钮控制项

4. 计时器控制项(Timer)

提供用于程序运作的事件,其在工具箱中的位置及外观,如图 14.4 所示。Timer 控制项中,常用的属性为:

- Name   控件名称,可自行定义适当的名称。
- Interval   计时的时间,以 ms 为单位。
- Enabled   决定是否可产生 Timer_Timer 事件。

5. 图片框控制项(PictureBox)

可提供绘图用的工具,其在工具箱中的位置及外观,如图 14.5 所示。

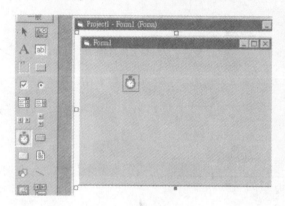

图 14.4　计时器控制项

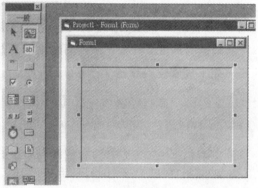

图 14.5　图片框控制项

PictureBox 控制项中可定义图框的坐标系统并于图框内画图,其常用的属性为:

- Name   控件名称,可自行定义适当的名称。
- Backcolor   图片框的背景颜色。
- ForeColor   图片框的前景颜色。
- Picture   图片框的背景图片。
- ScaleHeight   可自行定义图框的高度。
- ScaleWidth   可自行定义图框的宽度。
- ScaleTop   可自行定义图框左上角的 y 坐标。
- ScaleLeft   可自行定义图框左上角的 x 坐标。

VB 中坐标是以 x 来表示横向(向右为正,向左为负),以 y 来表示纵向(向下为正,向上为负),并以 (x,y) 来表示坐标的位置。当在 PictureBox 的图框中画图时,常将坐标的原点改为正中心,且以向右及向上为正的方式来表示坐标,故须更改 ScaleHeight、ScaleWidth、ScaleTop 及 ScaleLeft 的属性,例如下列属性设置方法:

① 重新定义图框的高度及长度,并将高度设置为负值以表示向上为正,如下列属性的设置:

ScaleHeight=−100,表示图框的高度为 100 且向上为正。

ScaleWidth=120,表示图框的宽度为 120。

② 以图框的正中心作为原点并设置图框左上角的坐标,如下列属性的设置:

ScaleTop=50,表示左上角的 y 坐标为 50。

ScaleLeft=−60,表示左上角的 x 坐标为 −60。

6. 选择控制项(OptionButton)

供使用者选择,其于工具箱中的位置及外观,如图 14.6 所示。OptionButton 控制项中,常用的属性为:

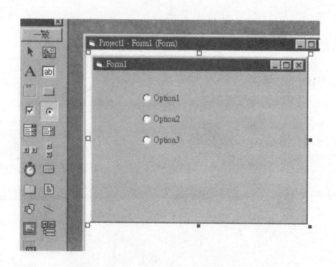

图 14.6　选择控制项

- Name　　　　控件名称,可自行定义适当的名称。
- Caption　　　显示的标题文字。
- Value　　　　若选择到此控件,则 Value 的值为 True;若未选择到此控件,则 Value 的值为 False。

7. 核取控制项(CheckBox)

其与选择控制项类似,但在多个选择控制项中仅能选择一项,而在多个核取控制项中能核取多项,其在工具箱中的位置及外观,如图 14.7 所示。CheckBox 控制项中,常用的属性为:

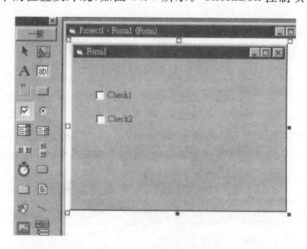

图 14.7　核取控制项

- Name　　　　控件名称,可自行定义适当的名称。
- Caption　　　显示的标题文字。
- Value　　　　若核取到此控件时,则 Value 的值为 True;若未核取到此控件,则 Value 的值为 False。

8. 框架控制项(Frame)

若有多组的选择控制项,可以利用 Frame 来区分各组的选择控制项,这样可利用主件与从件的关系,使得各组的选择控制项彼此不会互斥,其于工具箱中的位置及外观,如图 14.8 所示。Frame 控制项中,常用的属性为:

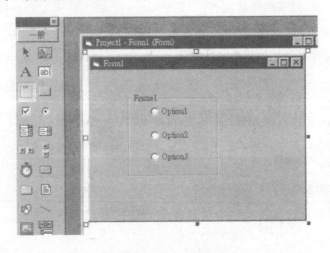

图 14.8　框架控制项

- Name　　　　控件名称,可自行定义适当的名称。
- Caption　　　显示的标题文字。
- Font　　　　 显示标题文字的字型。
- ForeColor　　显示标题文字的颜色。

9. 几何图形控制项(Shape)

用于绘制几何图形,其在工具箱中的位置及外观,如图 14.9 所示。Shape 控制项中,常用的属性为:

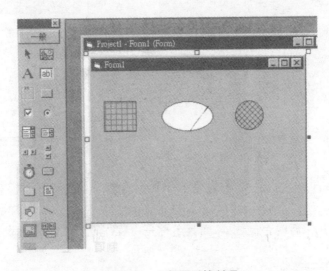

图 14.9　几何图形控制项

- Name　　　　　控件名称,可自行定义适当的名称。
- Shape　　　　　几何形状的种类。
- Backcolor　　　几何图形的背景颜色。
- FillStyle　　　　填满的形式。
- FillColor　　　　填满线条的颜色。

10. 直线控制项(Line)

用于绘制直线,其于工具箱中的位置及外观,如图 14.10 所示。Line 控制项中,常用的属性为:

- Name　　　　　控件名称,可自行定义适当的名称。
- BorderColor　　直线的颜色。
- BorderStyle　　 直线的形式。
- BorderWidth　　直线的宽度。

11. 图像控制项(Image)

用于显示图像,其在工具箱中的位置及外观,如图 14.11 所示。Image 控制项中,常用的属性为:

- Name　　　　　控件名称,可自行定义适当的名称。
- Picture　　　　 图片框的背景图片。

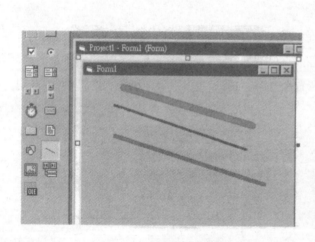

图 14.10　几何图形控制项　　　　　图 14.11　图像控制项

14.2　变　量

在程序中,变量用来暂时存储数据,而其名称是由程序设计人员自行设置的,设置时必须遵守下列规定:

① 变量名称不得超过 255 个字符。
② 变量名称的第一个字符需为英文或汉字,但最好少用汉字作为变量的名称。

③ 变量名称不得为 VB 的保留字,如 for、dim 及 do 等。

④ 变量名称中的英文字符不区分大小写,如 ABC 与 aBc 的变量代表相同的变量。

⑤ 变量若未设置初始值时,则数值类型的变量其初始值为 0;字串类型的变量其初始值为空字串。

变量有许多种的类型(如字节、整数及字串等),而各种变量类型的存储器数量都不相同,所以为降低存储器的使用数量,必须设置为适当的类型,且不要设置为暂用存储器最少的类型,因为此种变量常会发生溢位的错误,而变量是以 Dim(变量名称)as(变量类型)的方式来设置的,常用的变量类型如表 14.1 所列。

表 14.1 各种变量的类型

设置的类型	意 义	暂用存储器的空间	存储的范围
Byte	位元组	1 字节	0～255
Integer	整数	2 字节	−32 768～32 767
Long	长整数	4 字节	−2 147 483 648～2 147 483 647
Single	单精度数	4 字节	$-3.402\,823\times10^{38} \sim -1.401\,298\times10^{-45}$ $1.401\,298\times10^{-45} \sim 3.402\,823\times10^{38}$
Double	双精度数	8 字节	$-1.797\,693\,134\,862\,32\times10^{308} \sim$ $-4.940\,656\,458\,412\,47\times10^{-324}$ $4.940\,656\,458\,412\,47\times10^{-324} \sim$ $1.797\,693\,134\,862\,32\times10^{308}$
Currency	货币	8 字节	−922 337 203 685 477.580 8～ 922 337 203 685 477.580 7
String	变动长度的字串	最多 20 亿个字节	最多 20 亿个英文字 10 亿个汉字
String×n	固定长度的字串	每个英文字占 1 字节;每个汉字占 2 字节	若 n 为 10,则可存储 10 个英文字或 5 个汉字
Boolean	布尔代数	2 字节	True 或 False
Date	日期	8 字节	以数字类型来存储,在小数点左方为日期;在小数点左右为时间
Variant	自由变量		所有的变量均可使用

14.3 叙 述

叙述中最常用到的是选择及重复两种程序语法,下面分别介绍这两种语法。

1. if 的单行叙述

当判定条件仅为 True 时,才会执行叙述区段且此叙述区段的程序为单行时,则可使用 if 的单行叙述。

【语法】

If〈条件〉Then〈叙述区段〉

【实例】

```
1   Private Sub Form_Load()
2     Dim num1 As Byte, num2 As Integer, mun3
3     num1 = 255
4     num2 = 30.5
5     If num1 > mun2 Then num3 = num1 + num2
6     Text1.Text = num1
7     Text2.Text = num2
8     Text3.Text = num1 > mun2
9     Text4.Text = num3
10  End Sub
```

【注释】

① 第 2 行,在同一行内定义多个变量。num1 为字节的类型、num2 为整数的类型、num3 为自由变量的类型。

② 第 3 行,设置 num1 的值为 255。

③ 第 4 行,虽然设置 num2 的值为 30.5,但因 num2 为整数的类型,所以自动四舍五入,故 num2 在存储器的值为 30。

④ 第 5 行,若 num1 大于 num2,则 num3 等于 num1 加 num2。

【结果】

如图 14.12 所示。

2. if 的多行叙述

当判定条件仅为 True 时,才会执行叙述区段且此叙述区段的程序为多行时,则可使用 if 的多行叙述。

【语法】

If〈条件〉Then

　　〈叙述区段〉

End If

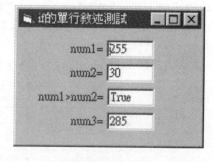

图 14.12　结果示意图

【实例】

```
1   Private Sub Form_Load()
2     Dim num1 As Byte, num2 As Single, mun3
3     num1 = 255
4     num2 = 30.5
5     If num1 > mun2 Then
6       num3 = num1 + num2
7       Text5.Text = "if 的多行叙述"
8     End If
9     Text1.Text = num1
10    Text2.Text = num2
11    Text3.Text = num1 > mun2
12    Text4.Text = num3
13  End Sub
```

【注释】

① 第 2 行,设置 num2 为单精度数的变量类型。
② 第 4 行,因 num2 为单精度数的变量类型,故其在存储器的值可以有小数位。
③ 第 6~7 行,其执行的叙述区段为多行。

【结果】

如图 14.13 所示。

3. if 的双向叙述

当判定的条件为 True 或 False 都分别有要执行的叙述区段时,则可使用 if 的双向叙述。

【语法】

If〈条件〉Then
　〈条件为 True 时的叙述区段〉
Else
　〈条件为 False 时的叙述区段〉
End If

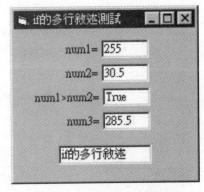

图 14.13　结果示意图

【实例】

```
1   Private Sub Form_Load()
2     Dim num1 As Byte, num2 As Single, mun3
3     num1 = 255
4     num2 = 30.5
5     If num1 > mun2 Then
6       num3 = num1 + num2
7       Text5.Text = "num1 > mun2 为真"
8     Else
9       num3 = num1 - num2
10      Text5.Text = "num1 > mun2 为假"
11    End If
12    Text1.Text = num1
13    Text2.Text = num2
14    Text3.Text = num1 > mun2
15    Text4.Text = num3
16  End Sub
```

【注释】

① 第 6~7 行,当 num1>mun2 为 True 时所执行的叙述区段。
② 第 9~10 行,当 num1>mun2 为 False 时所执行的叙述区段。

【结果】

如图 14.14 所示。

4. Select Case 的叙述

当有多种互斥的判定条件且各条件为真时,各有其所要执行的叙述区段,则可使用 Select Case 的叙述。

【语法】

Select Case〈运算式〉
    Case〈运算式的第 1 种条件〉
        〈第 1 种的叙述区段〉
    Case〈运算式的第 2 种条件〉
        〈第 2 种的叙述区段〉
        ⋮
    Case〈运算式的第 n 种条件〉
        〈第 n 种的叙述区段〉
    Case Else
        〈上述条件都未成立时的叙述区段〉
End Select

图 14.14　结果示意图

Select Case 的叙述中,当各条件都未成立时并无需要执行的叙述区段,则 Case Else 可不用写入;若第 1 种(前项)与第 2 种(后项)的判定条件都成立,程序在执行完第 1 种叙述区段后,会脱离 Select Case 的叙述而直接执行 End Select 后的程序。

【实例】

```
1     Private Sub Form_Load()
2         Dim num1 As Byte, num2 As Integer
3         num1 = 255
4         Select Case num1
5             Case 1: num2 = 1
6             Case 2
7                 num2 = 2
8             Case Is <= 100: nun2 = 500
9             Case Is > 200
10                num2 = 200
11            Case 150 To 180: num2 = 150
12            Case num1: num2 = 3
13            Case "A": num2 = 255
14        Case Else
15        End Select
16        Text1.Text = num1
17        Text2.Text = num2
18    End Sub
```

【注释】

① 第 5 行,条件不成立(num1 不等于 1),而在程序中的":"作为同行的分隔符号。

② 第 6 行,条件不成立(num1 不等于 2)。

③ 第 8 行,条件不成立(num1 不等于或小于 100)。

④ 第 9 行,因条件成立(num1 大于 0),故 num2=200 且在执行完叙述区段后,随即脱离 Select Case 的叙述直接执行第 16 行的程序。

⑤ 第 11 行,条件不成立(num1 不在 150～180 的范围内)。

⑥ 第 12 行,当条件为数值类型的变量时,若其值不为 0 时,则为 True;当条件为字串类型的变量时,若其值不为空字串时,则为 True。在此行中,虽然其条件是成立的,但因第 9 行已成立故不会执行。

⑦ 第 13 行,条件不成立(num1 无法与字串作判定)。

⑧ 第 14 行,因无 Case Else 的叙述区段,故可不需要此行。

【结果】

如图 14.15 所示。

5. For…Next 的叙述

当程序内某一区段需要重复执行 n 次时,则可使用 For…Next 的叙述。

【语法】

For〈变量〉=〈初值〉To〈终值〉Step〈增值〉

　　〈叙述区段〉

If〈条件〉Then Exit For

Next〈变量〉

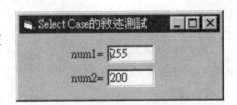

图 14.15　结果示意图

在 For…Next 的叙述中,若未设置增值,则会以 1 作为增值;若要脱离 For…Next 的叙述,可用 If〈条件〉Then Exit For 来脱离。

【实例】

```
1    Private Sub Form_Load()
2        Dim num1 As Byte, num2 As Integer
3        num1 = 255
4        num2 = 0
5        For num1 = 1 To 60 Step 5
6            num2 = num2 + 1
7            If num2 = 10 Then Exit For
8        Next num1
9        Text1.Text = num1
10       Text2.Text = num2
11   End Sub
```

【注释】

① 第 3 行,因 num1 是作为 For…Next 叙述中的变量,故也可不用此行的程序。

② 第 4 行,若 num2 不设置其值,则会以 0 作为其初始值,故可不用此行的程序。

③ 第 5 行,num1 从 1 开始执行叙述区段,之后累加 5 并判定其和是否在 10 的范围内,若判定为 True,则重复执行叙述区段。

④ 第 6 行,以 num2 来记录 For…Next 叙述的执行次数。

⑤ 第 7 行,当 For…Next 叙述的执行次数为 10 次时,则会脱离 For…Next 叙述。

【结果】

如图 14.16 所示。

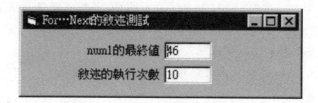

图 14.16 结果示意图

6. Do…Loop Until 的叙述

当程序内某一叙述区段必须先执行 1 次,再依照条件来决定是否需要再重复执行时,则可使用 Do…Loop Until 的叙述。

【语法】

Do

〈叙述区段〉

If〈条件〉Then Exit Do

Loop Until〈条件〉

Do…Loop Until 的叙述中,除了以 Loop Until〈条件〉来决定是否需要再重复执行叙述区段外,也可在叙述区段中以 If〈条件〉Then Exit Do 来脱离 Do…Loop 的叙述。

【实例】

```
1    Private Sub Form_Load()
2        Dim a As Byte
3        Do
4            a = a + 1
5        Loop Until a > 10
6    End Sub
```

【注释】

第 3 行,即为 Do…Loop Until 的叙述。

第 15 章

MSComm 元件的介绍

VB6.0中可引用MSComm应用元件并以MSComm元件用于串行口的控制,所以在VB的监控系统中,本文利用MSComm元件与PLC作数据的通信。

15.1 MSComm控制项的引用步骤

在打开新的VB专用功能选项时,MSComm控制项不在工具箱中,需要引用MSComm控制项,MSComm应用元件引用步骤如下:
① 选择"专案"|"设置使用元件"菜单项。
② 在设置使用元件的菜单中选择Microsoft comm Control 6.0复选框。
③ 单击"确定"按钮后,MSComm元件即会被引入至工具箱内,如图15.1所示。

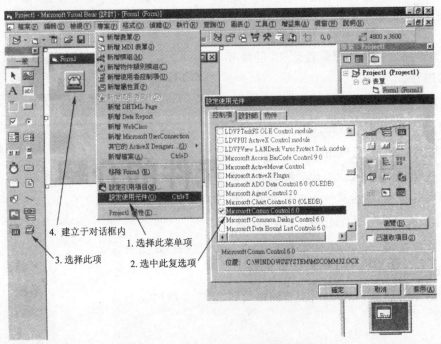

图 15.1　MSComm 控制项的引用步骤

15.2 MSComm 控制项的属性

MSComm 控制项的属性如下所示:

1. 串行口(CommPort)

其用于设置使用的串行通信口编号,如设置为 3,即表示使用 COM3 这个串行口。而 CommPort 的最大值可设置为 16,若超过 16,则会弹出如图 15.2 的警示信息对话框。

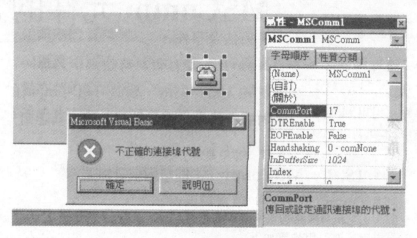

图 15.2 不正确的 CommPort 输入

2. 通信参数设置(Settings)

设置串行口的通信参数,其"AAAA、B、C、D"分别表示传输速度、同位检查、数据位数及停止位四个参数,其中同位检查的设置值,如表 15.1 所列。各参数的设置意义,可参考第 5 章的内容。

表 15.1 同位检查的代号

设 置	说 明
E	偶数(even)
M	记号(mark)
N	无同位检查(预设值)
O	奇数(odd)
S	空白(space)

3. 打开串行口(Portopen)

当 Portopen 设置为 True 时,才可执行串行通信的各项方法及事件。

4. 读取通信的数据(Input)

当数据传送到串行口时,此数据会先存储于计算机的输入寄存器内,再利用 Input 读取输入寄存器内的数据,然后其他尚未被读取的数据向前补位。

5. 传送通信的数据(Output)

当计算机要传送数据时,可利用 Output 来将数据传送出去。

6. InputMode

设置数据的读取类型,其可设置的数值如表 15.2 所列。

表 15.2　InputMode 的设置

常　数	值	说　明
ComInputModeText	0	以字符的类型读取输入寄存器的数据
ComInputModeBinary	1	以字符的类型读取输入寄存器的数据

与 PLC 通信时，InputMode 属性设置为 0，但要读取 ANSI 的字符、汉字或 ASCII 的 128 以上的字符时，则需要将 InputMode 的属性设置为 1。

7. 读取的字符长度(InputLen)

当 InputLen 设置为 10，则表示每次以 Input 读取的字符数或字节数为 10；但若 InputLen 设置为 0，则表示每次都是读取输入寄存器内的全部字符或字节。

8. InBufferCount

读取 InBufferCount 属性可知计算机输入寄存器内还有多少字符或字节尚未被读取，另外，也可设置 InBufferCount＝0 来清空计算机输入寄存器内的数据。

9. 握手设置(Handshaking)

即设置流量控制的形式，各种流量控制的形式参考第 5 章中的说明，Handshaking 属性的设置值如表 15.3 所列。

表 15.3　握手设置的项目

设置值	值	说　明
comNone	0	无握手协议(预设值)
comXOnXOff	1	XON/XOFF 的软件握手
comRTS	2	RTS/CTS 的硬件握手

10. 最小接收暂存数(Rthreshold)

若 Rthreshold 设置为 10，则当计算机的输入寄存器内的字符数或位数到达 10 以上时，会有 OnComm 的事件发生；若 Rthreshold 设置为 0，则不会有 OnComm 的事件发生。

11. 最大传送暂存数(Sthreshold)

若 SThreshold 设置为 10，则当计算机的输出寄存器内的字符数少于 10 时，则会有 OnComm 的事件发生；若 SThreshold 设置为 1，则当计算机将输出寄存器内的字符传送后，都会有 OnComm 的事件发生；若 SThreshold 设置为 0，则不会有 OnComm 的事件发生。

12. 通信错误及事件(CommEvent)

串行通信中，只要有通信错误或事件发生时，都会产生 OnComm 事件，并以 CommEven 属性来表示。通信错误时的值，如表 15.4 所列；发生通信事件的值，如表 15.5 所列。

13. DTR 启动(DTREnable)

若 DTREnable 设置为 True，则计算机会将串行口的 DTR 引脚提升为高电位；若 DTREnable 设置为 False，则计算机不会将串行口的 DTR 引脚提升为高电位。

14. RTS 启动（RTSEnable）

若 RTSEnable 设置为 True，则计算机会将串行口的 RTS 引脚提升为高电位；若 RTSEnable 设置为 False，则计算机不会将串行口的 RTS 引脚提升为高电位。

表 15.4 通信错误时的值

常 数	值	说 明
ComEventBreak	1001	接收到一个中断信号
ComEventCTSTO	1002	Clear To Send 线逾时。试传送一个字符，但在一段系统指定时间内，Clear To Send 线依然处于低电位。亦即流量控制机制失败
ComEventDSRTO	1003	Data Set Ready 线逾时。试传送一个字符，但在一段系统指定时间内，Data Set Ready 线依然处于低电位。亦即流量控制机制失败
ComEventFrame	1004	讯框错误（Framing Error）。硬件检测到一个讯框错误
ComEventCDTO	1007	Carrier Detect 线逾时。试传送一个字符，但在一段系统指定时间内，Carrier Detect 线依然处于低电位。亦即电话线路断线
ComEventOverrun	1006	连接口超速。一个字符没有在下一个字符到达之前被硬件读取，该字符就会遗失
ComEventRxOver	1008	接收寄存器溢位。接收寄存器没有空间
ComEventRxParity	1009	同位检查错误。硬件检测到一个同位检查错误
ComEventTxFull	1010	传输缓冲区已满。当试着将字符放入列时，传输缓冲区已满
ComEventDCB	1011	从连接口取回外围设备的控制区块数据 Device Control Block（DCB）时，发生未预期的错误

表 15.5 发生通信事件的值

常 数	值	说 明
ComEvSend	1	传输寄存器中的字符数比最小传输字符数（Sthreshold）还少
ComEvReceive	2	收到最小接收字符数（Rthreshold）个字符。除非利用 Input 属性将数据从接收寄存器中移除，否则此事件将持续产生
ComEvCTS	3	Clear To Send 线的状态发生变化
ComEvDSR	4	Data Set Ready 线的状态发生变化。该事件只在 DST 从 1 变到 0 时才发生
ComEvCD	5	Carrier Detect 线的状态发生变化
ComEvRing	6	检测到振铃信号。一些 UART（Universal Asynchronous Receiver-Transmitters）可能不支持此事件
ComEvEOF	7	收到文件结尾（ASCII 字符为 26）字符

第 16 章
PLC 计算机通信模式的配线

PLC 计算机通信模式用于计算机监控系统中的数据交换,而在一般的监控系统中,计算机与 PLC 的通信距离都比较远,所以 PLC 大多采用 485 的通信模块形式,而通信距离较近时会采用 232 的形式。PLC 适用于计算机通信模式的通信模块,如表 16.1 所列。

在计算机通信的模式中,PLC 可使用 485 或 232 的通信模块,但因 485 与 232 的电气信号是不一样的,故各台 PLC 必须使用相同的通信模块。若 PLC 采用 485 的通信模块,其配线方式可分为全双工与半双工两种:在全双工中,其特色是可以同时传送及接收,故响应时间较短,但需要 4 条通信线故线路成本较高,而此种的通信方式即为 RS-422 的形式;在半双工中,其特色是不可以同时传送及接收,故响应时间较长,但仅需要 2 条通信线,故线路成本较低,而此种的通信方式即为 RS-485 的形式。

表 16.1　FX 系列 PLC 计算机通信模式的各形式通信模块

通信模块	适用主机	最大扩展数
1. FX1N-232BD 2. FX2N-232BD	1. FX1N 及 FX1S 2. FX2N	1 台
1. FX1N-485BD 2. FX2N-485BD	1. FX1N 及 FX1S 2. FX2N	1 台
FX0N-232ADP	1. FX0N 及 FX2NC 2. FX1S 及 FX1N(但需要追加 FX1N-CNV-BD) 3. FX2N(但需要追加 FX2N-CNV-BD)	1 台
FX0N-485ADP	1. FX0N 及 FX2NC 2. FX1S 及 FX1N(但需要追加 FX1N-CNV-BD) 3. FX2N(但需要追加 FX2N-CNV-BD)	1 台

从通信的距离考虑,若全以 485ADP 作为 PLC 的通信模块,其通信距离可长达 500 m;若以 485BD 作为 PLC 的通信模块,其通信距离为 50 m;若以 232BD 作为 PLC 的通信模块,其通信距离仅有 15 m。在通信线的配线中,若以钢管保护及适当的接地措施,则其通信距离可更长。

一般计算机已有的串行口大多为 RS-232 形式,所以当 PLC 以 485 的通信模块与计算机的 RS-232 串行口接续前,必须安装 RS-232/485 的转换器;计算机的串行口不足时,可直接利用 RS-485/422 的 PCI 界面卡与 PLC 通信。

本书采用 adlink 的 ND-6520 信号转换器作为 232/485 的信号转换,当采用其他的 232/485 转换器时,先参照说明书中的配线说明,而各种通信模块的配线方式说明如下:

1. 485 半双工式

其配线方式如图 16.1 所示。

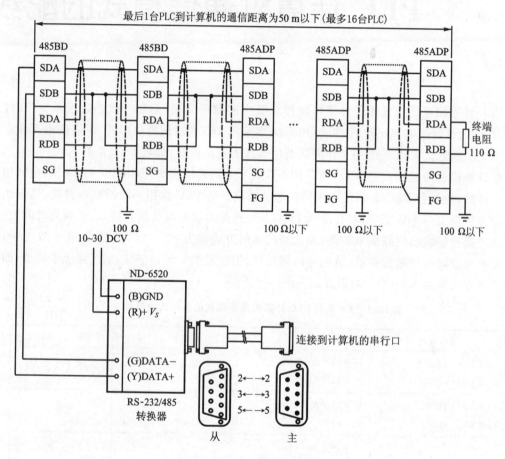

图 16.1　485 半双工式

2. 422 全双工式

其配线方式如图 16.2 所示。

3. 232 的配线方式

其配线方式如图 16.3 所示。

第16章 PLC计算机通信模式的配线

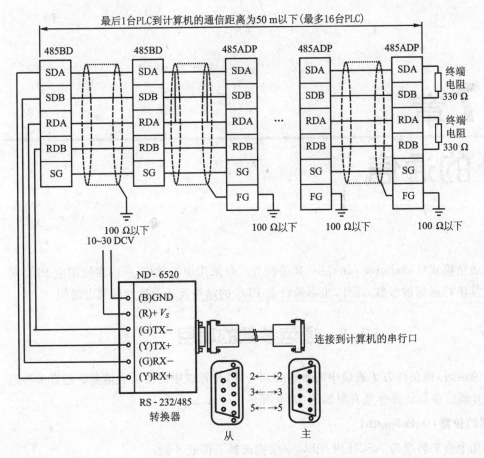

图 16.2 422 全双工式

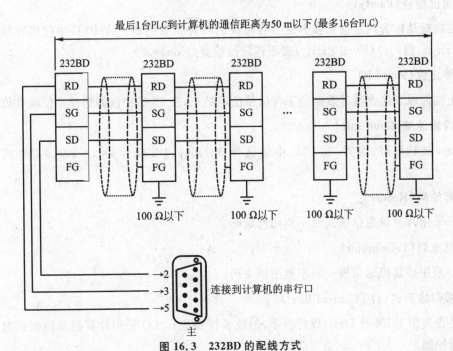

图 16.3 232BD 的配线方式

第 17 章
PLC 的通信

计算机通信模式(Computer Link)中,其通信方式是采用串行通信,所以在使用前 PLC 必须先要设置其串行通信的参数,此外,也必须设置 PLC 的站号及通信逾期的判定时间。

17.1 通信参数的项目

串行口通信时,通信双方于通信中的参数必须一致,计算机中的各项通信参数能有多种选择,但 PLC 对通信参数的选择是有限制的,如下所述:

1. 数据的位数(Data length)

即要有几个位来转换为 ASCII 码,PLC 中仅能选择 7 位或 8 位。

2. 同位检查(Parity)

同位检查是作为判定通信数据是否有错误的一种检查机制。在 PLC 中仅能选择奇同位(Odd Parity)、偶同位(Even Parity)或不作同位检查(None)。

3. 停止位(Stop bit)

停止位为通知接收端其数据的字符信号已经结束,在 PLC 中仅能选择 1 位或 2 位。

4. 传输速度(Baud rate)

即 bps(波特率)的设置,在 PLC 中仅选择 300、600、1 200、2 400、4 800、9 600 或 19 200 的 bps。

5. 起始码(Header)

PLC 采用计算机通信模式时不使用起始码。

6. 结束码(Terminator)

PLC 采用计算机通信模式时不使用结束码。

7. 控制线形式(I)[Control line(I)]

即是否使用 DTR 及 DSR(硬件握手)的流量控制,当 PLC 采用计算机通信模式时无硬件式的流量控制。

8. DTR 检查模式(DTR check)

当 PLC 采用计算机通信模式时,因无流量的控制故此项可任意设置。

9. 控制线形式(II)[Control line(II)]

即是否要使用 XON/XOFF(软件握手)的流量控制,当 PLC 采用计算机通信模式时无软件式的流量控制。

10. 检查码(Check Sum)

PLC 为计算机通信模式时,此项设置为"自动",即 PLC 传送数据时,会自动将数据作 Check Sum 的运算,并将结果与数据合并后再传送;PLC 接收数据时,发送端也必须发送 Check Sum 的检查码,而 PLC 会自动对接收到的数据再次作 Check Sum 的比对。

11. 协议(Protocol)

PLC 为计算机通信模式时,其通信的数据有一定的格式,故此项设为 Dedicated protocol (提供协议)。

12. 通信数据的协议形式(Transmission control protocol)

PLC 为计算机通信模式时,通信数据的协议形式有形式 1(Format 1)与形式 4(Format 4) 两种选择,此两种通信数据的协议形式会 17.3 节中详细说明。

17.2 PLC 的通信设置

PLC 的计算机通信模式中必须设置通信参数、PLC 的站号及 PLC 接收时逾期的判定时间,这三项的设置方法如下所示:

1. 通信参数

PLC 是以 D8120 数据寄存器来表示通信参数的,D8120 的设置内容如表 17.1 所列。

PLC 作计算机通信模式时,若其通信参数为以下情况。

① 数据位数:8 位。

② 同位检查:奇数。

③ 停止位:1 位。

④ 传输速度:9 600 bps。

⑤ 起始码:固定为"无"。

⑥ 结束码:固定为"无"。

⑦ 控制线形式(I):固定为"无"。

⑧ DTR 检查模式:固定为"无"。

表 17.1 D8120 的设置内容

位	意义	内容	
		0(OFF)	1(ON)
b0	数据位数	7 位	8 位
b1	同位检查	(b2,b1)	(0,1):奇数

续表 17.1

位	意 义	内 容	
		0(OFF)	1(ON)
b2		(0,0):无	(1,1):偶数
b3	停止位	1 位	2 位
b4	传输速度	(b7,b6,b5,b4)	(0,1,1,0):2 400
b5		(0,0,1,1):300	(0,1,1,1):4 800
b6		(0,1,00):600	(1,0,0,0):9 600
b7		(0,1,0,1):1 200	(1,0,0,1):19 200
b8	起始码	无	
b9	结束码	无	
b10	控制线形式(I)	无	
b11	DTR 检查模式	无	
b12	控制线形式(II)	无	
b13	校验和(Check Sum)		自动
b14	协议		有协议
b15	协议形式	第 1 种形式	第 4 种形式

⑨ 控制线形式(II):固定为"无"。
⑩ 校验和(Check Sum):固定为"自动"。
⑪ 协议:固定为"有"。
⑫ 协议形式:选择第 1 种形式。

针对上述的设置,PLC 的 D8120 设置的内容如下所示。

① 数据位数:$b0=1$。
② 同位检查:$b1=1$;$b2=0$。
③ 停止位:$b3=0$。
④ 传输速度:$b4=0$;$b5=0$;$b6=0$;$b7=1$。
⑤ 起始码:$b8=0$。
⑥ 结束码:$b9=0$。
⑦ 控制线形式(I):$b10=0$。
⑧ DTR 检查模式:$b11=0$。
⑨ 控制线形式(II):$b12=0$。
⑩ 校验和(Check Sum):$b13=1$。
⑪ 协议:$b14=1$。
⑫ 协议形式:$b15=0$。

依上述 D8120 的设置内容,以每 4 位作十六进制的表示,如上述(b3,b2,b1,b0)为(0,0,1,1),再转换为十六进制即为 $0\times8+0\times4+1\times2+1\times1=3$,其他各位转换为十六进制的值为:

$$(b_7,b_6,b_5,b_4)=(1,0,0,0)=8$$
$$(b_{11},b_{10},b_9,b_8)=(0,0,0,0)=0$$
$$(b_{15},b_{14},b_{13},b_{12})=(0,1,1,0)=6$$

合并上述的结果即为"6083",此即为 D8120 的设置值。计算好 D8120 的设置值后,可写出设置 PLC 通信参数的程序为:

```
LD M8002
MOV H6083 D8120          ;设置通信参数
```

2. PLC 的站号

计算机通信的模式下,计算机可读写任何一台 PLC 的元件数据,故 PLC 必须以编号来区分,而此一编号即为 PLC 的站号。FX 系列 PLC 的站号设置中是以 D8121 数据寄存器存储站号的,且站号的设置范围为 0~15,即最多能有 16 台 PLC 来作网络式的计算机通信。D8121 的设置方式如下:

```
LD M8002
MOV K10 D8121            ;设置站号为第 10 站
```

3. 通信异常的检知

串行口通信中,通信数据的起始及停止都是以电气信号来表示,当 PLC 接收到起始的信号后,若迟迟无法收到停止信号时,PLC 是要持续接收或停止接收呢?此种状况可能是通信断线或数据量过于庞大所造成的,如图 17.1 所示。为了避免因通信断线而造成监控的异常现象,所以 PLC 必须知道在接收时所能容许的最长时间,此接收的容许时间是以 D8129 来设置的。

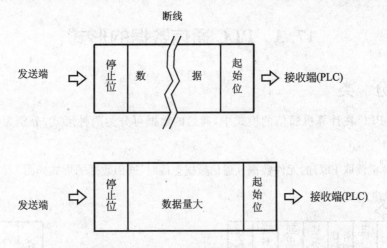

图 17.1 通信中造成造成接收时间过长的因素

D8129 称为逾期的判定时间,其是为了避免通信中的断线(断讯)而设置的,当 D8129 设置为 10 ms 时,PLC 于接收到起始位后会开始计时,若 10 ms 后尚未收到停止位,即停止通信,但通信中的数据量大时也可能会超过 10 ms 的通信时间,故 D8129 的设置必须要以最大数据量、数据位数、起始码、结束码及传输速率来计算,并再增加 10% 的冗余度,计算方法如下:

① 数据位数为 7 位。

② 传送端所传送的最大数据量为100个7位,即为700位。

③ 有起始码及结束码,即为14位。

④ 项②加项③共714位。

⑤ 传输速率为9 600 bps,即每个位需要0.104 ms。

⑥ 项④乘项⑤得需要的接收时间为74.256 ms。

⑦ 项⑥再加上冗余度得D8129须设置为82 ms。

未设置D8129时,它用初始值为100 ms,而D8129的设置单位为10 ms且可以以十进制或十六进制的数值来表示。如D8129要设置100 ms时且以十进制来表示的设置方法如下:

```
LD M8002
MOV K10 D8129
```

D8129要设置100 ms时,以十六进制来表示的设置方法如下:

```
LD M8002
MOV H000A D8129
```

D8129的设置值是有限制的,如FX0N的PLC,其D8129的最大设置值为2 550 ms,其他形式的PLC最大设置值,如表17.2所列。若PLC发生逾期,M8120这个标志位会"ON",故PLC的程序中,可以通过读取M8120这个接点来作为判定通信断讯的条件。

表17.2 D8129的最大设置值

PLC的形式	十进制的最大设置值
FX0S,FX1S,FX1N	255(2 550 ms)
FX2C,FX2N,FX2NC	3 276(3 276 ms)

17.3 PLC通信数据的形式

17.3.1 分类

FX系列PLC在计算机通信的模式中,通信的数据可分为两种形式,分别为:

1. 形式1

① 当计算机读取PLC的元件数据且通信数据正确时,通信数据的形式如图17.2所示。

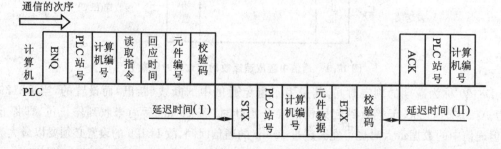

图17.2 读取PLC元件及通信数据正确时的通信形式

② 当计算机读取PLC的元件数据且通信数据有错误时,其通信数据的形式如图17.3所示。

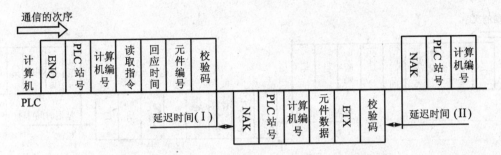

图 17.3 读取 PLC 元件及通信数据错误时的通信形式

③ 当计算机写入 PLC 的元件数据且通信数据正确时,其通信数据的形式如图 17.4 所示。

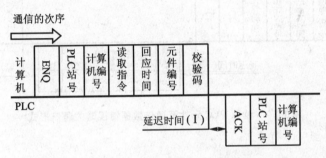

图 17.4 写入 PLC 元件及通信数据正确时的通信形式

④ 当计算机写入 PLC 的元件数据且通信数据有错误时,其通信数据的形式如图 17.5 所示。

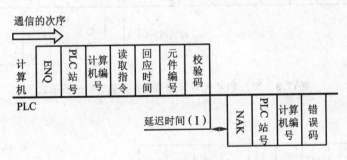

图 17.5 写入 PLC 元件及通信数据错误时的通信形式

2. 形式 2

① 当计算机读取 PLC 的元件数据且通信数据正确时,其通信数据的形式如图 17.6 所示。

② 当计算机读取 PLC 的元件数据且通信数据有错误时,其通信数据的形式如图 17.7 所示。

③ 当计算机写入 PLC 的元件数据且通信数据正确时,其通信数据的形式如图 17.8 所示。

④ 当计算机写入 PLC 的元件数据且通信数据有错误时,其通信数据的形式如图 17.9 所示。

FX系列PLC的链接通信及VB图形监控

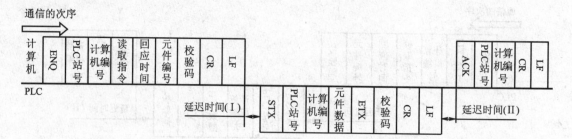

图 17.6 读取 PLC 元件及通信数据正确时的通信形式

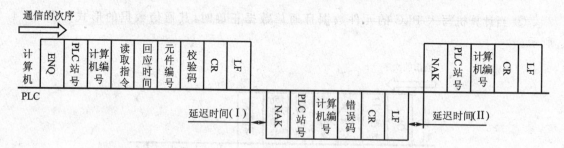

图 17.7 读取 PLC 元件及通信数据错误时的通信形式

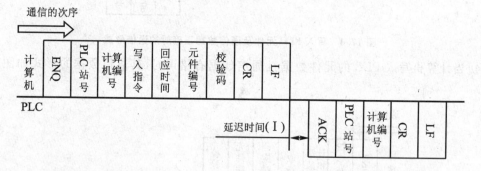

图 17.8 写入 PLC 元件及通信数据正确时的通信形式

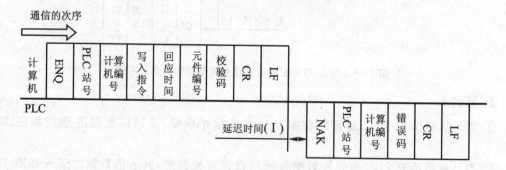

图 17.9 写入 PLC 元件及通信数据错误时的通信形式

17.3.2 意 义

17.3.1 小节中的图片中有许多的控制码、编号、读写指令及错误码,意义分别为:

1. 控制码

即 ENQ、STX、NAK 等，这些控制码用于通信的控制且在计算机的屏幕中属于不可见的字符，各个控制码的意义如下所示。

1) STX(Start of Text,数据开始传送)

当 PLC 接收到要求读取元件的通信时，PLC 会先判定接收的数据协议是否正确，若正确，即传送计算机所要求的元件数据，并于传送数据的最前端加上 STX 这个控制码。STX 是以十进制的 2 号 ASCII 码的字符来表示的。

2) ETX(End of Text,数据传送结束)

当 STX 表示数据传送的开始时，PLC 也会以 ETX 来表示数据传送的结束。EXT 是以 3 号 ASCII 码的字符来表示的。

3) ENQ(Enquire,要求通信)

当计算机欲读写 PLC 元件时，其传送的数据须以 ENQ 作为起始来表示要求通信。ENQ 是以 5 号 ASCII 码的字符来表示的。

4) ACK(Acknowledge,了解)

当 PLC 接收到要求写入元件的通信时，PLC 会先判定接收的数据协议是否正确，若正确后即变更元件的数据，并以 ACK 回应计算机来表示已收到；同样的，当计算机接收到 STX 及 ETX 后，也可以用 ACK 来回应 PLC 表示已收到 PLC 所传送的元件数据。ACK 是以 6 号 ASCII 码的字符来表示的。

5) NAK(Not Acknowledge,不了解)

当 PLC 接收到要求写入元件的通信时，PLC 会先判定接收的数据协议是否正确，若不正确，会以 NAK 回应计算机来表示不了解此次通信；同样的，当计算机接收到 STX 及 ETX 后，若判定不正确，也可用 NAK 来回应 PLC 表示不了解此次数据。NAK 是以 21 号(十进制)ASCII 码的字符来表示的。

6) CR(Carriage,复位)及 LF(Line Feed,换行)

在形式 2 的通信协议中，每次通信数据的最后都会使用 CR 及 LF 这两个控制码。CR 是以 13 号(十进制)ASCII 码的字符来表示；LF 是以 10 号(10 进制)ASCII 码的字符来表示的。

在形式 1 的通信中，计算机若要取消正在传送中的数据，则可在其传送数据中加入 EOT (End of Transmission,停止传送)或 CL(Clear,清除)来指示 PLC 忽视此次传送的数据；同样的，若在形式 2 的通信中，亦可加入 EOT 或 CL 来指示 PLC 忽视此次传送的数据。但在形式 1 的通信中，EOT 或 CL 须在停止位前传送出去，而在形式 2 的通信中，EOT 或 CL 须在 CR 前传送出去。EOT 是以 4 号 ASCII 码的字符来表示的；CL 是以 12 号(十进制)ASCII 码的字符来表示。

2. PLC 站号

计算机通信模式中，计算机可与 16 台 PLC 连线，故此项数据是用来表示计算机指定与哪一台 PLC 通信。PLC 站号是以十六进制来表示，其范围为 0~F。

3. 计算机编号

计算机通信模式中，仅以一台计算机与 PLC 通信，所以计算机编号都以 FF(即十进制的 255)来表示，但是在 On-demand 的通信中，计算机编号会以 FE 来表示。

4. 回应时间

计算机传送数据时，可在传送的数据中以十六进制的数值来告之 PLC 的回应时间。当 PLC 接收到计算机所传送的数据后，PLC 并不会立刻回应，而是依照"回应时间"延迟后才回传数据。"回应时间"是以 0 的十六进制数值来表示 0～150 ms 的延迟时间（即以 10 ms 为单位）。

5. 延迟时间（I）

即"回应时间"与 PLC 程序扫描时间的总和。PLC 接收到要求通信的数据后，须等到程序已扫描到 END 指令且"回应时间"已到时，PLC 才会回应数据。对于 PLC 程序扫描的时间，可监控下列数据寄存器的值而来得知：

D8010　程序扫描时间的当前值。
D8011　程序扫描时间的最小值。
D8012　程序扫描时间的最大值。

延迟时间（I）的应用方式，请参考本篇第 22 章中对于循环检测的说明。

6. 延迟时间（II）

因 PLC 于程序扫描到 END 指令时才开始接收通信，所以计算机以 ACK 或 NAK 来回应时必须延迟一段时间才开始数据的传送。

延迟时间（II）的计算方式为先检测 PLC 的 D8012（最大扫瞄时间）的值，再以 2 倍的 D8012 值作为延迟时间（II）。

7. 读写指令、元件编号、检查码及错误码的使用

本书会于下一章详细说明这些功能的使用方法。

第 18 章

形式 1 的单元操作

计算机通信的模式中,计算机必须以固定的通信数据格式与 PLC 进行数据的交换,其中可根据通信数据中的指令进行分类说明,本章会通过实例来说明各项指令的操作方法。

18.1 PLC 端

计算机通信的模式中,PLC 通信模块及配线的选择详见第 16 章中的说明,而本章所采用的通信模块及配线如图 18.1 所示。

图 18.1 中,SG 线作为电压的基准位,但因 RS-422 或 RS-485 无电压的基准位,所以 SG 线可以不用连接。而图 18.1 中主要的硬件结构为 3 个 FX2N 的 PLC、3 个 FX2N-485BD 的通信模块、ND-6520 的信号转换器、个人计算机(Processor:Pentium 500MHz;Main Memory:128 MB)且通信线是以 22AWG 来配线。各 PLC 的程序分别为:

① 第一台

```
LD M8002
MOV H6080 D8120        ;通信参数的设置
MOV H0000 D8121        ;站号设置为 0 号
MOV K0 D8129           ;设置逾期时间为 100 ms
END
```

② 第二台

```
LD M8002
MOV H6080 D8120        ;通信参数的设置
MOV H0001 D8121        ;站号设置为 1 号
MOV K0 D8129           ;设置逾期时间为 100 ms
END
```

③ 第三台

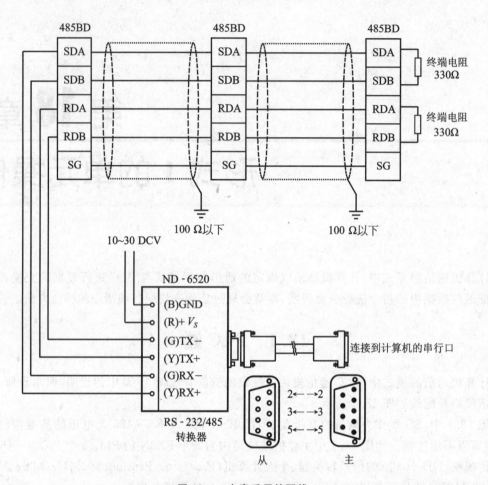

图 18.1　本章采用的配线

```
LD M8002
MOV H6080 D8120          ;通信参数的设置
MOV H0002 D8121          ;站号设置为 2 号
MOV K0 D8129             ;设置逾期时间为 100 ms
END
```

18.2　BR 指令的操作

当计算机欲读取 PLC 的元件中属于位的数据(如 X、Y 及 M 等元件)时,可以采用图 17.2 所示的通信数据形式,并以 BR(Batch Read of Bit Device)作为图 17.2 的读取指令。

18.2.1　VB 端的程序

如图 18.2 所示的 VB 菜单,其程序如下所述。

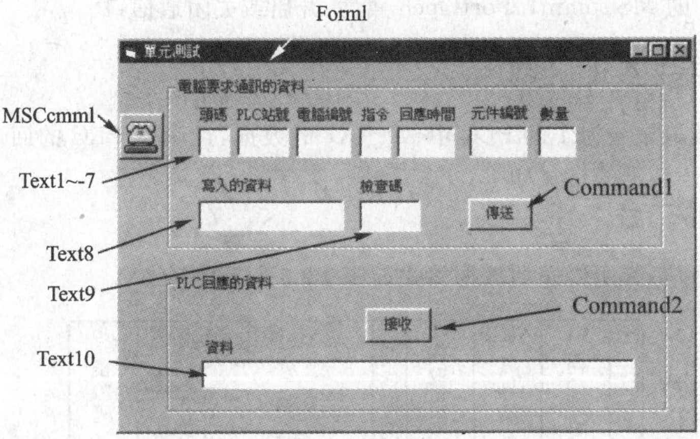

第18章 形式1的单元操作

图 18.2　VB 菜单

```
1   Private Sub Command1_Click()
2   Dim a1 As Byte
3   a1 = Val(Text1.Text)
4   MSComm1.Output = Chr(a1) + Text2.Text + Text3.Text + _
5           Text4.Text + Text5.Text + Text6.Text + _
6           Text7.Text + Text8.Text
7   End Sub
8   Private Sub Command2_Click()
9   Text9.Text = MSComm1.Input
10  End Sub
11  Private Sub Command3_Click()
    Dim a1 As Byte
    a1 = Val(Text10.Text)
    MSComm1.Output = Chr(a1) + Text11.Text + Text12.Text
12  End Sub
13  Private Sub Form_Load()
14  MSComm1.CommPort = 1
15  MSComm1.Settings = "9600,n,7,1"
16  MSComm1.PortOpen = True
17  End Sub
```

【注释】

① 第 3 行中的 Val()函数：将字串变为数值。

② 第 4 行中的 Chr()函数：传回指定的 ASCII 码的字符。

③ 第 4～6 行中的 MSComm1.Output：将指定的字符数据通过 COM1 通信口传送出去。

④ 第 9 行中的 MSComm1.Input 方法：接收计算机输入寄存器内的数据。

⑤ 第 14 行中的 MSComm1.CommPort 属性：设置使用的通信口的编号。若使用其他通信口,则更改编号。

⑥ 第 15 行中的 MSComm1.Settings 属性：设置使用的通信口的通信参数。

⑦ 第 16 行中的 MSComm1.PortOpen 属性：开启或关闭通信口。

18.2.2 通信数据正确时

当计算机欲读取站号为 1 的 PLC 中 X0～X7 的数据，且设置 PLC 的回应时间为 110 ms 时，其各阶段的通信数据的格式如下：

1. 第 1 阶段

计算机要求通信，其所传送的数据格式如图 18.3 所示。

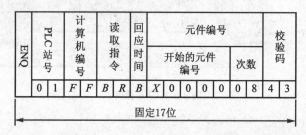

图 18.3 计算机要求通信的数据格式

【注释】

① ENQ：为 ASCII 码的 5 号字符。

② 元件编号：为开始的元件编号及次数，其中 BR 指令能读取的元件编号及最大次数参考附录。

③ 校验码：为 PLC 站号至元件编号所传送的字符，并经过 Sum Check 计算后所得到的字符，其计算方式如表 18.1 所列。

表 18.1 校验码的计算方式

步骤	0	1	F	F	B	R	B	X	0	0	0	0	0	8
转换为 ASCII 的十六进制数值	30	31	46	46	42	52	42	58	30	30	30	30	30	38
各数值以十六进制方式总加	343													
取后两位数作为校验码的字符	43													

2. 第 2 阶段

PLC 回应。若 PLC 的 X0、X2、X5 为"ON"时，PLC 所回应的数据格式如图 18.4 所示。

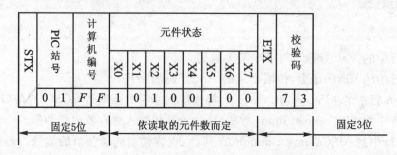

图 18.4 PLC 回应的数据格式

【注释】
① STX：为 ASCII 码的 2 号字符，在计算机中属于不可见的字符。
② 元件状态：PLC 所回应的元件状态，其中，1 表示接点为 ON；0 表示接点为 OFF。
③ ETX：为 ASCII 码的 3 号字符，在计算机中属于不可见的字符。
④ 校验码：为 PLC 站号至 EXT 所传送的字符，并经过 Sum Check 计算后所得到的字符，其计算方式如表 18.2 所列。

表 18.2 校验码的计算方式

步 骤	0	1	F	F	1	0	1	0	0	1	0	0	EXT
转换为 ASCII 的十六进制数值	30	31	46	46	31	30	31	30	30	31	30	30	3
各数值以十六进制方式总加	273											
取后两位数作为校验码的字符	73											

3. 第 3 阶段

计算机再回应。计算机接收到 PLC 的回应数据后须再回应，其数据格式如图 18.5 所示。其中，ACK 为 ASCII 码的 6 号字符，在计算机中属于不可见字符，操作如图 18.6 所示。

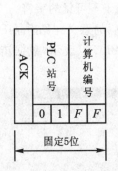

图 18.5 计算机再回应的数据格式

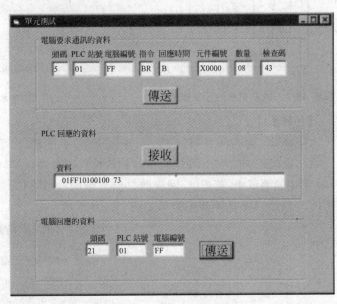

图 18.6 VB 操作对话框

【注释】
① 键入需要的通信数据后单击"传送"按钮，从而监控 PLC 的通信模块，若 RD 灯号亮起，表示此次数据传送出去，且 1 号 PLC 的 SD 灯号亮起时，表示正在回应数据。
② 110 ms 后，单击"接收"按钮，则数据栏即会显示 PLC 所回应的数据。
③ 若 PLC 所回应的数据正确，再于"计算机回应的数据"列表框中键入数据，单击"传送"按钮后即告知 PLC"计算机已收到"。

18.2.3 通信数据错误时

上述测试中校验码用于确认接收数据,若要求通信的数据中校验码错误,则通信数据的形式如图 17.3 所示,其中,PLC 回应的数据格式如图 18.7 所示,VB 的显示对话框如图 18.8 所示。

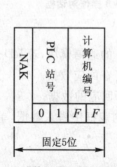

图 18.7　PLC 回应的数据格式

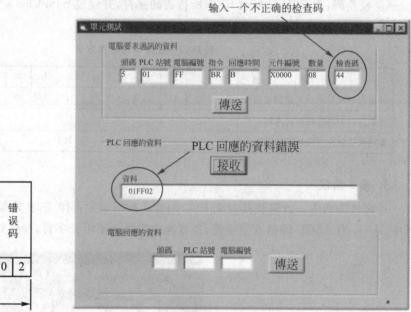

图 18.8　VB 的显示对话框

【注释】

① NAK:为 ASCII 码的 15 号(十六进制)字符,在计算机中属于不可见的字符。
② 错误码:02 表示 PLC 所接收到的检查码有错误,其他错误码的意义详见附录 F。

上述的测试中,若 PLC 回应的数据有错误,计算机可再回应 PLC 以表示"数据错误",如图 18.9 所示,VB 的操作对话框如图 18.10 所示。

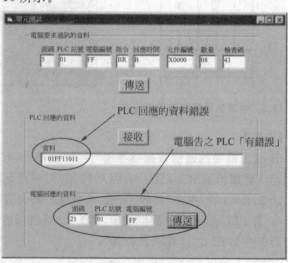

图 18.9　计算机再回应的数据格式　　　　　图 18.10　VB 的操作对话框

18.3　WR 指令的操作

当计算机欲读取 PLC 的元件中属于 Word 的数据（如 D、TN 及 CN 等元件）时，可以采用图 17.2 所示的通信数据形式，并以 WR（Batch Read of Word Device）作为图 17.2 的读取指令。

18.3.1　VB 端的程序

其 VB 程序与 18.2.1 小节的程序相同。

18.3.2　通信数据正确时

当计算机欲读取站号为 2 的 PLC 中 D8120～D8122 的数据，且设置 PLC 的回应时间为 100 ms 时，其各阶段的通信数据的格式如下所述。

1. 第 1 阶段

计算机要求通信，其所传送的数据格式如图 18.11 所示。

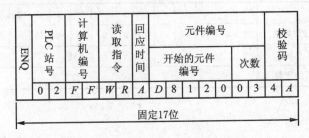

图 18.11　计算机要求通信的数据格式

【注释】

① ENQ：为 ASCII 码的 5 号字符。

② 元件编号：为开始的元件编号及次数，其中，WR 指令能读取的元件编号及最大次数详见附录 C。

③ 校验码：为 PLC 站号至元件编号所传送的字符，并经过 Sum Check 计算后所得到的字符，其计算方式如表 18.3 所列。

表 18.3　校验码的计算方式

步　　骤	0	2	F	F	W	R	A	D	8	1	2	0	0	3
转换为 ASCII 的十六进制数值	30	32	46	46	57	52	41	44	38	31	32	30	30	33
各数值以十六进制方式总加	34A													
取后两位数作为校验码的字符	4A													

2. 第 2 阶段

前面章节中 PLC 的程序内已有 D8120 及 D8121 的设置，故 D8120 及 D8121 会有回应的值；而 D8122 未设置，故其值为 0。PLC 回应的数据格式如图 18.12 所示。

图 18.12 PLC 回应的数据格式

【注释】
① STX：为 ASCII 码的 2 号字符，在计算机中属于不可见的字符。
② 元件状态：以每 4 个字符分别表示元件的十六进制的数值。
③ ETX：为 ASCII 码的 3 号字符，在计算机中属于不可见的字符。
④ 校验码：为 PLC 站号至 EXT 所传送的字符，并经过 Sum Check 计算后所得到的字符，其计算方式如表 18.4 所列。

表 18.4 校验码的计算方式

步骤	0	2	F	F	6	0	8	0	0	0	0	2	0	0	0	0	EXT
转换为 ASCII 的十六进制数值	30	32	46	46	36	30	38	30	30	30	30	32	30	30	30	30	3
各数值以十六进制方式总加								341									
取后两位数作为校验码的字符								41									

3. 第 3 阶段

计算机再回应。计算机接收到 PLC 的回应数据后须再回应，其数据格式如图 18.13 所示。其中，ACK 为 ASCII 码的 6 号字符，在计算机中属不可见字符。本项测试以 VB 用以数据通信，如图 18.14 所示。

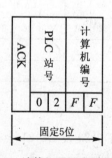

图 18.13 计算机再回应的数据格式

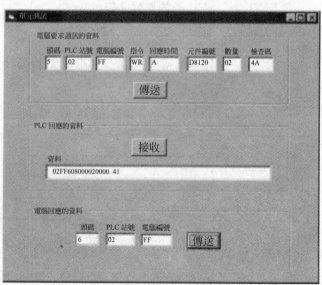

图 18.14 VB 操作对话框

【注释】

① 键入需要的通信的数据后再单击"传送"按钮,从而监控 PLC 的通信模块,若 RD 灯号亮起,表示此次数据传送出去,且 2 号 PLC 的 SD 灯号亮起时,表示正在回应数据。

② 100 ms 后,单击"接收"按钮,则数据列表框即会显示 PLC 所回应的数据。

③ 若 PLC 所回应的数据正确,再于"计算机回应的数据"列表框中键入数据,单击"传送"按钮,即告知 PLC"计算机已收到"。

18.3.3 通信数据错误时

当通信的数据有错误发生时,PLC 与计算机的回应方法与 RB 指令的使用方法相同。

18.4 BW 指令的操作

当计算机欲写入 PLC 的元件中属于位的数据时,可以采用图 17.4 所示的通信数据形式,并以 BW(Batch Write of Bit Device)作为图 17.4 的写入指令。

18.4.1 VB 端的程序

如图 18.15 所示的 VB 端对话框,其程序如下所述。

```
1   Private Sub Command1_Click()
2   Dim a1 As Byte
3   a1 = Val(Text1.Text)
4   MSComm1.Output = Chr(a1) + Text2.Text + Text3.Text + _
5       Text4.Text + Text5.Text + Text6.Text + _
6       Text7.Text + Text8.Text + Text9.Text
7   End Sub
8   Private Sub Command2_Click()
9   Text10.Text = MSComm1.Input
10  End Sub
11  Private Sub Form_Load()
12  MSComm1.CommPort = 1
13  MSComm1.Settings = "9600,n,7,1"
14  MSComm1.PortOpen = True
15  End Sub
```

【注释】

① 第 3 行中的 Val()函数:将字串变为数值。

② 第 4 行中的 Chr()函数:传回指定的 ASCII 码的字符。

③ 第 4~6 行中的 MSComm1.Output:将指定的字符数据通过 COM1 传送出去。

④ 第 9 行中的 MSComm1.Input 方法:接收计算机输入寄存器内的数据。

⑤ 第 12 行中的 MSComm1.CommPort 属性:设置使用的通信口的编号。若使用其他通信口,则更改编号。

⑥ 第 13 行中的 MSComm1.Settings 属性:设置使用的通信口的通信参数。

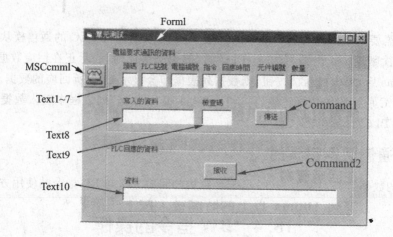

图 18.15　VB 对话框

⑦ 第 14 行中的 MSComm1.PortOpen 属性：打开或关闭通信口。

18.4.2　通信数据正确时

当计算机欲将站号为 0 的 PLC 中 Y0 设置为 ON，Y1 为 OFF，Y2 为 OFF，Y3 为 ON，Y4 为 ON，且设置 PLC 的回应时间为 0 ms 时，其各阶段的通信数据的格式如下所述。

1. 第 1 阶段

计算机要求通信，其所传送的数据格式如图 18.16 所示。

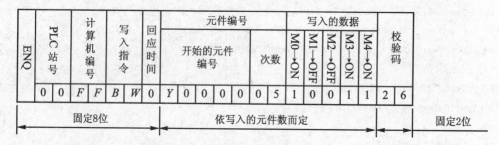

图 18.16　计算机要求通信的数据格式

【注释】

① ENQ：为 ASCII 码的 5 号字符。

② 元件编号：为开始的元件编号及次数，其中，BW 指令能读取的元件编号及最大次数参考附录 C。

③ 写入的数据：以 1 表示 ON、0 表示 OFF 的方式，分别将数据写入 PLC 的元件内。其中，各元件的动作方式不一样，如将 X 元件写入 1 时，只会有一个 ON 的脉冲；但将 Y、M 元件写入 1 时，其元件会变为 SET 的状态。

④ 检查码：为 PLC 站号至写入的数据所传送的字符，并经过 Sum Check 计算后所得到的字符，其计算方式如表 18.5 所列。

表 18.5　校验码的计算方式

步　　骤	0	0	F	F	B	W	0	Y	0	0	0	0	5	1	0	0	1	1
转换为 ASCII 的十六进制数值	30	30	46	46	42	57	30	59	30	30	30	30	35	31	30	30	31	31
各数值以十六进制方式总加									426									
取后两位数作为校验码的字符									26									

2. 第 2 阶段

若计算机传送的数据正确，则 PLC 会依数据来作各元件的写入动作并回应一个"已收到"的信息给计算机，其回应的数据格式如图 18.17 所示。本项测试的操作对话框，如图 18.18 所示。

【注释】

① 键入需要的通信数据后单击"传送"按钮，从而监控 PLC 的通信模块，若 RD 灯号亮起，表示此次数据传送出去，且 0 号 PLC 的 SD 灯号亮起时，表示正在回应数据。

② 0 ms 后，单击"接收"按钮，则数据列表框即会显示 PLC 所回应的数据。

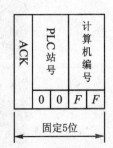

图 18.17　PLC 回应的数据格式

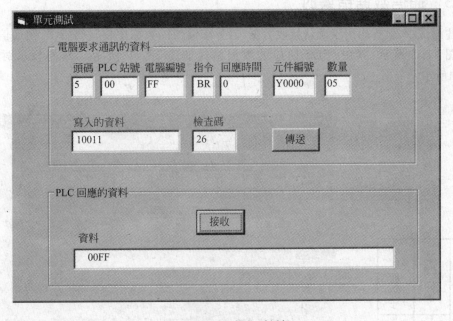

图 18.18　VB 操作对话框

③ 此时，可于 PLC 主机输出点的灯号中看到 Y0、Y3 及 Y4 为 ON。

④ 该实例已将 Y0、Y3 及 Y4 设置为 ON 的状态，所以也可利用 BR 指令来监控 PLC 的 Y04 的状态，如图 18.19 所示。

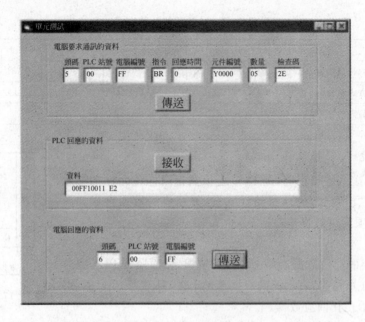

图 18.19　BR 的操作对话框

18.4.3　通信数据错误时

上述测试中,检查码用于确认接收数据,若要求通信的数据中校验码错误,则通信数据的形式如图 17.5 所示,其中,PLC 回应的数据格式如图 18.20 所示,VB 的显示对话框如图 18.21所示。

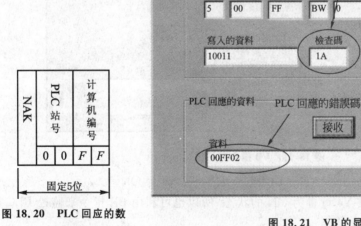

图 18.20　PLC 回应的数据格式

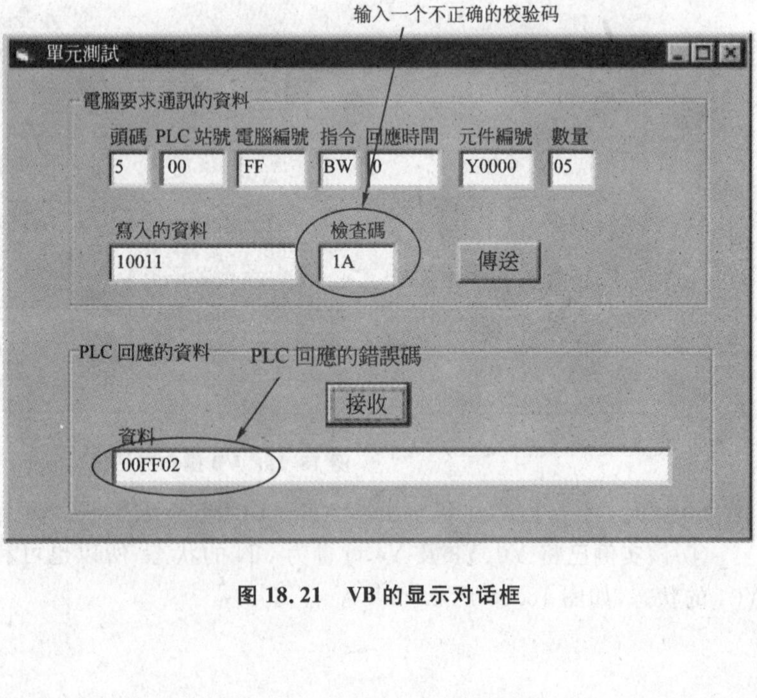

图 18.21　VB 的显示对话框

【注释】
① NAK：为 ASCII 码的 15 号（十六进制）字符，在计算机中属于不可见的字符。
② 错误码：02 表示 PLC 所接收到的校验码有错误，其他错误码的意义详见附录 F。

18.5 WW 指令的操作

当计算机欲写入 PLC 的元件中属于 Word 的数据时，可以采用图 17.4 所示的通信数据形式，并以 WW(Batch Write of Word Device)作为图 17.4 的写入指令。

18.5.1 VB 端的程序

其 VB 程序与 18.4 节中的程序相同。

18.5.2 通信数据正确时

当计算机欲写入 0 号 PLC 的 D100 为 5 918，D101 为 2 124，并设置 PLC 的回应时间为 0 ms 时，其各阶段的通信数据的格式如下所述。

1. 第 1 阶段

计算机要求通信，其所传送的数据格式如图 18.22 所示。

ENQ	PLC站号	计算机编号	写入指令	回应时间	元件编号		写入的数据		校验码
					开始的元件编号	次数	D100的十六进制写入值	D101的十六进制写入值	
	0 0	F F	W W	0	D 0 1 0 0	0 2	1 7 1 E	0 8 4 C	E E
	固定8位				依写入的元件数而定				固定2位

图 18.22 计算机要求通信的数据格式

【注释】
① ENQ：为 ASCII 码的 5 号字符。
② 元件编号：为开始的元件编号及次数，其中，WW 指令能读取的元件编号及最大次数详见附录 C。
③ 写入的数据：分别以 4 个十六进制的字符表示写入的数据，如十进制值的 5 918，其十六进制值为 $1×4 096+7×256+1×16+14$（即为 171E），若转换为十六进制时字位不足则以 0 补足 4 个字符，如十进制值的 2 124，其十六进制值为 84C，因不足 4 个字符所以改写为 084C。

在 WR 及 WW 指令中表示 PLC 数据寄存器的值，都必须以十六进制来表示，这是因为 PLC 数据寄存器的存储最大值为十进制的 56 635，而通信的数据仅能以 4 个字符来表示，所以必须以十六进制值作为数据的通信值。
④ 检验码：为 PLC 站号至写入的数据所传送的字符，并经过 Sum Check 计算后所得到的字符，其计算方式如表 18.6 所列。

表 18.6 校验码的计算方式

步 骤	0	0	F	F	W	W	0	D	0	1	0	0	0	2	1	7	1	E	0	8	4	C
转换为 ASCII 的十六进制数值	30	30	46	46	57	57	30	44	30	31	30	30	30	32	31	37	31	45	30	38	34	43
各数值以十六进制方式总加	4EE																				
取后两位数作为校验码的字符	EE																				

2. 第 2 阶段

若计算机所传送的数据正确，PLC 会依数据来完成各元件的写入动作并回应一个"已收到"的信息给计算机，其所回应的数据格式如图 18.23 所示。此测试的操作对话框，如图 18.24 所示。

【注释】

① 键入需要的通信的数据后再单击"传送"按钮，从而监控 PLC 的通信模块，若 RD 灯号亮起，表示此次数据传送出去，且 0 号 PLC 的 SD 灯号亮起时，表示正在回应数据。

图 18.23 PLC 回应的数据格式

② 0 ms 后，单击"接收"按钮，则列表框即会显示 PLC 所回应的数据。

③ 此外也可利用 WR 指令监控 PLC 的 D100 及 D101 的状态，如图 18.25 所示。

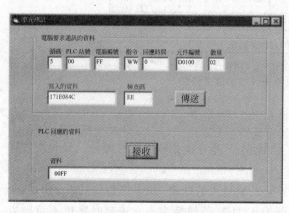

图 18.24 VB 操作对话框

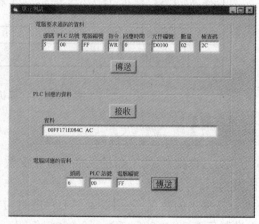

图 18.25 WR 的操作对话框

18.5.3 通信数据错误时

此时 PLC 的动作与 18.4.3 小节的类似。

18.6 BT 及 WT 指令的操作

当计算机欲写入 PLC 的位元件且写入的元件编号为单次时，可以采用如图 17.4 所示的

BT(Test of Bit Device)指令作为写入指令;当计算机欲写入 PLC 的 Word 元件且写入的元件编号为单次时,也可以采用如图 17.4 所示的 WT(Test of Word Device)作为写入指令。

BT、WT 与 BW、WW 指令的不同点是 BW 及 WW 可写入批次编号的元件,而 BT 及 WT 是写入单次的元件,因两者差异不大,所以本书仅说明用于计算机通信的通信格式,其他 PLC 的回应与 18.4 节及 18.5 节相同。

① 当计算机欲将站号为 0 的 PLC 中 Y0 设置为 ON,M5 为 OFF,M10 为 ON,且设置 PLC 的回应时间为 0 ms 时,其计算机要求通信的通信格式如图 18.26 所示。

ENQ	PLC站号	计算机编号	写入指令	回应时间	次数	依次数写入的数据					校验码
						Y0	Y0的写入值	M5	M5的写入值	M10	M10的写入值	
	0 0	F F	B T	0 0	3	Y 0 0 0 0	1	M 0 0 0 5	0	M 0 0 1 0	1	E 0

固定8位 | 依写入的元件数而定 | 固定2位

图 18.26 采用 BT 指令时要求的通信数据格式

② 当计算机欲将站号为 0 的 PLC 中 D100 设置为 171E(十六进制值)、D201 为 84C(十六进制值),且设置 PLC 的回应时间为 0 ms 时,其计算机要求通信的通信格式如图 18.27 所示。

ENQ	PLC站号	计算机编号	写入指令	回应时间	次数	依次数写入的数据				校验码
						D0100	D100的写入值	D0201	D201的写入值	
	0 0	F F	W T	0 0	2	D 0 1 0 0	1 7 1 E	D 0 2 0 1	0 8 4 C	F 2

固定8位 | 依写入的元件数而定 | 固定2位

图 18.27 采用 WT 指令时要求的通信数据格式

③ 注释如下所述。
- 次数 为写入的元件数,图 18.26 中共写入 3 次,所以次数为 03(以十六进制值的字符来表示)。
- 写入的数据 元件后面即为写入的数据,若采用 WT 指令,则各元件的写入值是以 4 个十六进制值的字符表示。
- 检查码 为 PLC 站号至写入的数据所传送的字符,并经过 Sum Check 计算后所得到的字符,其计算方式详见 18.4 及 18.5 节的介绍。

18.7 RR 及 RS 指令的操作

当计算机欲将 PLC 主机设置为 RUN 或 STOP 时,可以采用 RR(Remote RUN)及 RS(Remote STOP)作为图 17.4 的写入指令,同时此指令写入后,可以通过主机的 Run/Stop 开关来解除。

1. PLC 的运行

PLC 运行时所要求的通信格式如图 18.28 所示。

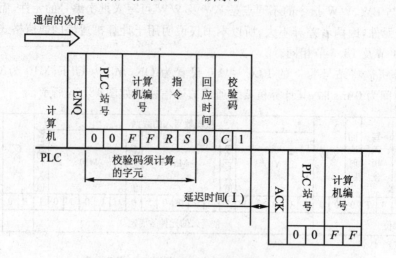

图 18.28　计算机采用 RS 指令停止 PLC 的运行

当 PLC 已处于 STOP 状态时，PLC 会回应错误码，其通信的通信格式如图 18.29 所示。

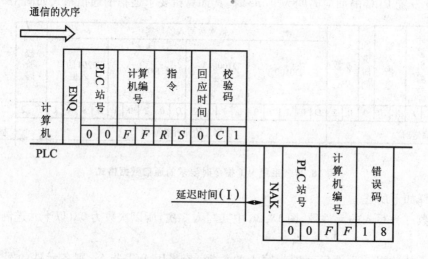

图 18.29　PLC 已处于 STOP 的状态时

当计算机传送的校验码错误时，PLC 会回应错误码，其通信的通信格式如图 18.30 所示。

2. PLC 运行的驱动

当计算机欲将站号为 0 的 PLC 主机设置为 RUN 时，可用 RR 指令来驱动 PLC 运行，其通信的通信格式如图 18.31 所示。

当 PLC 已处于 RUN 的状态时，PLC 会回应错误码，其通信的通信格式如图 18.29 所示；当计算机所传送的校验码是错误时，PLC 会回应错误码，其通信的通信格式如图同 18.30 所示。

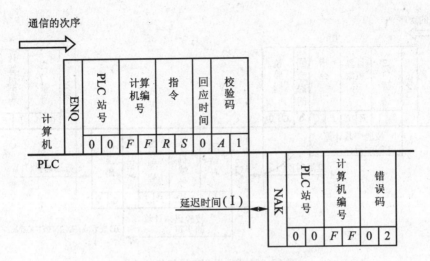

图 18.30　计算机传送错误的校验码

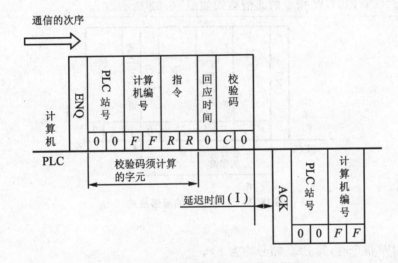

图 18.31　计算机以 RR 指令驱动 PLC 运行

18.8　PC 指令的操作

当计算机欲读取 PLC 的主机形式时,可以采用 PC(Reading The Programmable Controller Type)作为图 17.2 的读取指令,若计算机在通信数据中发现校验码错误时,则 PLC 回应的数据格式如同图 18.7 所示。若要读取 1 号的 PLC 时,其 PC 指令的通信格式如图 18.32 所示,而 PLC 所回应的代码详见附录 E。

18.9　GW 指令的操作

整个集中监控系统中,若计算机欲利用一次通信来写入各站 PLC 中的相同元件,则可使用 GW(Global Function)指令,但此指令仅能写入 M8126 的值,若计算机欲将各台 PLC 的

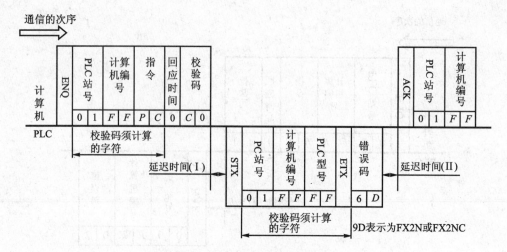

图 18.32　PC 指令的通信格式

M8126 驱动为"ON",其 GW 指令的通信格式如图 18.33 所示。

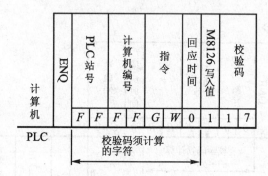

图 18.33　GW 指令的通信格式

【注释】
① 使用 GW 指令时,其 PLC 站号均为 FF。
② M8126 以 1 表示 ON;0 表示 OFF。
③ 校验码的计算方式与本章各节的方式相同。
④ 一般使用 GW 的指令时,大都配合 PLC 的 On–demand 功能,而其应用方式会于下一章详细介绍。

18.10　PLC 的 On–demand 功能

On–demand(查问)功能不需要由计算机作通信使能,PLC 可以自动将数据寄存器的值传送给计算机,如当 2 号 PLC 的 X0 为 ON 时,2 号 PLC 会将 D1012 的值经过通信模块自动传送给计算机,其 PLC 端的程序为:

```
LD  M8002              ;PLC 于 STOP 变为 RUN 时的脉冲
MOV H6080 D8120        ;通信参数的设置
MOV H0002 D8121        ;站号设置为 2 号
```

```
MOV K0 D8129              ;设置逾期时间为 100 ms
MOV H1E3F D10             ;设置 D10 的十六进制值为 1E3F
MOV H003A D11             ;设置 D11 的十六进制值为 3A
MOV H011C D12             ;设置 D12 的十六进制值为 11C
LDI M8000                 ;PLC 处于 RUN 的状态
OUT M8129                 ;当 M8129 为"ON"时表示以 8 位的值作传送;当 M8129 为"OFF"时表示以
                          ;16 位的值作传送
LD X0                     ;当 X0 处于"ON"时
PLS M0                    ;以一个向上的脉冲来驱动 On-demand
LD M0                     ;当 M0 有一个上升沿脉冲时
ANI M8127                 ;当 M8127 为"ON"时表示 On-demand 正在执行中
RST M8128                 ;当 M8128 为"ON"时表示 On-demand 在执行时有错误发生,如同一时间有
                          ;2 台PLC 同时执行时,M8128 这个标志会"ON"
RST Y0                    ;可通信指示灯灭
RST Y1                    ;通信错误指示灯灭
MOV K10 D8127             ;D8127 表示开始传送数据的元件,本程序指的是 D10
MOV K3 D8128              ;D8128 表示传送的次数,本程序表示为 3 次,即 D1012
LD M8127                  ;当 On-demand 未被执行时
ANI M8128                 ;且当 On-demand 上次、执行时无发生错误
SET Y0                    ;可通信指示灯亮
LD M8127                  ;当 On-demand 未被执行时
AND M8128                 ;且当 On-demand 于上次执行时有发生错误
SET Y0                    ;通信错误指示灯亮
END                       ;程序结束
```

上述程序中,PLC 的 X0 触发后即表示 On-demand 开始执行,此时会将 D1012 的值传送给计算机,其传送的数据格式如图 18.34 所示。

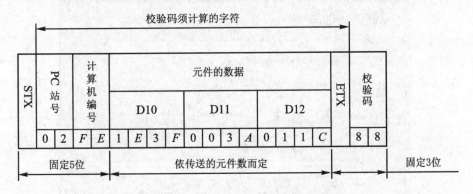

图 18.34 On-demand 的传送数据格式

【注释】
① 使用 On-demand 功能时,对于 PLC 所传送的数据格式计算机编号均以 FE 表示。
② On-demand 传送的数据仅适用于 D 元件。
③ 校验码的计算方式与本章各节的方式相同。

④ 也可以通过 VB 程序读取 PLC 于 On-demand 时所传送的数据,如图 18.35 所示。

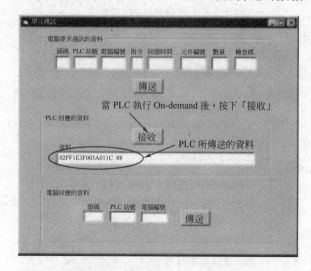

图 18.35　On-demand 时传送数据

整个集中监控系统中,经常采用 On-demand 与 GW 指令配合使用,如计算机以 GW 指令驱动 M8126 后,各 PLC 依时间顺序自动将 D1012 的值传送给计算机。如将上述 PLC 程序写入各站的 PLC 中(须注意站号的设置),并将原来的 LD X0;PLS M0 改写为如下程序:
- 站号 0　LD M8126;OUT T0 K5;LD T0;PLS M0。
- 站号 1　LD M8126;OUT T0 K10;LD T0;PLS M0。
- 站号 2　LD M8126;OUT T0 K15;LD T0;PLS M0。

上述程序分别写入各站的 PLC 后,也可以采用 VB 程序来执行 GW 指令,并接收各台 PLC 通过 On-demand 传送的数据,如图 18.36 所示。

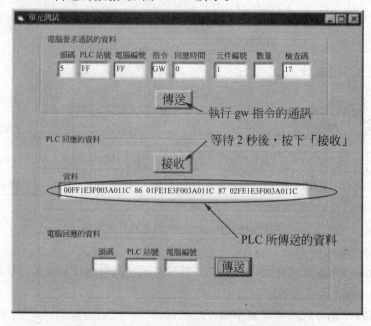

图 18.36　GW 指令与 On-demand 的搭配使用

【注释】

① 使用 GW 指令使各台 PLC 的 M8126 设置为 SET。

② 传送 GW 指令并等待 2 s 后，单击"接收"按钮即可以看到这 3 个 PLC 所传送 D1012 的数据。

③ 因 M8126 处于 SET 状态，再执行一次时，必须先利用 GW 指令使各台 PLC 的 M8126 处于 RESET 状态，如图 18.37 所示。

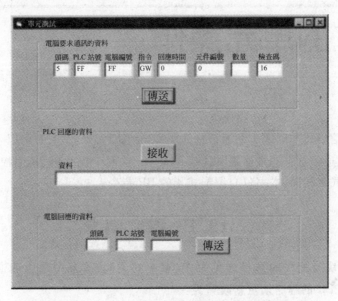

图 18.37　利用 GW 指令设置 M8126 状态的对话框

18.11　TT 指令的操作

TT 指令用于测试通信线是否受到干扰，其通信格式为：计算机传送 155 个任意的字符数据给 PLC 后，PLC 会回传相同的字符，计算机即可利用程序对比这两次数据是否相同，若不相同则表示通信线受到干扰。若利用 TT 指令传送 R、G 及 B 这三个字符给 1 号 PLC，其正常的通信数据格式如图 18.38 所示。

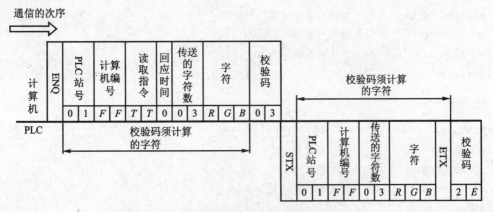

图 18.38　TT 指令的通信格式

第19章
形式4的单元操作

形式4的通信格式与形式1的通信格式类似,由图17.2至17.9可以了解到形式4的通信格式,只是每次通信数据的最后需加上CR及LF这两个控制码,其他控制码、校验码及指令的应用均与形式1相同,本书仅介绍形式4的BR指令。

19.1 PLC端

PLC通信模块及配线的选择详见第16章中的说明,本章中采用的通信模块及配线同图18.1,但各台PLC的程序须重新改写为:

① 第一台

```
LD M8002
MOV HE080 D8120    ;通信参数的设置
MOV H0000 D8121    ;站号设置为0号
MOV K0 D8129       ;设置逾期时间为100 ms
END
```

② 第二台

```
LD M8002
MOV HE080 D8120    ;通信参数的设置
MOV H0001 D8121    ;站号设置为1号
MOV K0 D8129       ;设置逾期时间为100 ms
END
```

③ 第三台

```
LD M8002
MOV HE080 D8120    ;通信参数的设置
MOV H0002 D8121    ;站号设置为2号
MOV K0 D8129       ;设置逾期时间为100 ms
END
```

19.2　VB 端的程序

VB 端对话框如图 19.1 所示，程序如下所述。

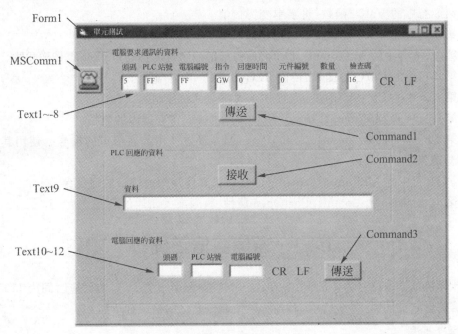

图 19.1　VB 菜单界面

```
1  Private Sub Command1_Click()
2    Dim a1 As Byte
3    a1 = Val(Text1.Text)
4    MSComm1.Output = Chr(a1) + Text2.Text + Text3.Text + _
5                     Text4.Text + Text5.Text + Text6.Text + _
6                     Text7.Text + Text8.Text + Chr(13) + Chr(10)
7  End Sub
8  Private Sub Command2_Click()
9    Text9.Text = MSComm1.Input
10 End Sub
11 Private Sub Command3_Click()
     Dim a1 As Byte
     a1 = Val(Text10.Text)
     MSComm1.Output = Chr(a1) + Text11.Text + Text12.Text + _
                      Chr(13) + Chr(10)
12 End Sub
13 Private Sub Form_Load()
14   MSComm1.CommPort = 1
```

```
15    MSComm1.Settings = "9600,n,7,1"
16    MSComm1.PortOpen = True
17  End Sub
```

【注释】

① 第 3 行中的 Val( )函数:将字串变为数值。

② 第 4 行中的 Chr( )函数:传回指定的 ASCII 码的字符。

③ 第 4~6 行中的 MSComm1.Output:将指定的字符数据通过 COM1 传送出去。

④ 第 6 行中的 Chr(13)函数:传回 PLC 要求的 CR 控制码。

⑤ 第 6 行中的 Chr(10)函数:传回 PLC 要求的 LF 控制码。

⑥ 第 9 行中的 MSComm1.Input:接收计算机输入寄存器内的数据。

⑦ 第 14 行中的 MSComm1.CommPort 属性:设置使用的通信口的编号。使用其他通信口时,则更改编号。

⑧ 第 15 行中的 MSComm1.Settings 属性:设置使用的通信口的通信参数。

⑨ 第 16 行中的 MSComm1.PortOpen 属性:打开或关闭通信口。

19.3 通信数据正确时

当计算机欲读取站号为 1 的 PLC 的 X0~X7 数据,且设置 PLC 的回应时间为 110 ms 时,数据通信的形式如同图 17.6 所示,而各阶段的通信数据的格式如下所述。

1. 第 1 阶段

计算机要求通信,其所传送的数据格式如图 19.2 所示。

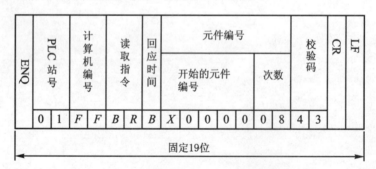

图 19.2 计算机要求通信的数据格式

【注释】

① ENQ:为 ASCII 码的 5 号字符。

② 元件编号:为开始的元件编号及次数,其中,BR 指令能读取的元件编号及最大次数参考附录 C。

③ CR:为 ASCII 码的 13 号(十进制)字符。

④ LF:为 ASCII 码的 10 号(十进制)字符。

⑤ 检查码:为 PLC 站号至元件编号所传送的字符,并经过 Sum Check 计算后所得到的字符,其计算方式如表 19.1 所列。

2. 第 2 阶段

PLC 回应。若 PLC 的 X0、X2 及 X5 为 ON，PLC 所回应的数据格式如图 19.3 所示。

表 19.1 校验码的计算方式

步　骤	0	1	F	F	B	R	B	X	0	0	0	0	8
转换为 ASCII 的十六进制数值	30	31	46	46	42	52	42	58	30	30	30	30	38
各数值以十六进制方式总加							343						
取后两位数作为校验码的字符							43						

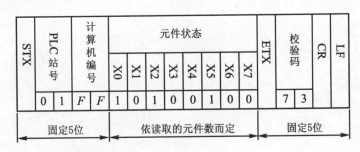

图 19.3　PLC 回应的数据格式

【注释】

① STX：为 ASCII 码的 2 号字符，在计算机中属于不可见的字符。

② 元件状态：PLC 所回应的元件状态，其中，1 表示接点为 ON；0 表示接点为 OFF。

③ ETX：为 ASCII 码的 3 号字符，在计算机中属于不可见的字符。

④ CR：为 ASCII 码的 13 号（十进制）字符，在计算机中属于不可见的字符。

⑤ LF：为 ASCII 码的 10 号（十进制）字符，在计算机中属于不可见的字符。

⑥ 校验码：为 PLC 站号至 EXT 所传送的字符，并经过 Sum Check 计算后所得到的字符，其计算方式如表 19.2 所列。

表 19.2 校验码的计算方式

步　骤	0	1	F	F	1	0	1	0	0	1	0	0	EXT
转换为 ASCII 的十六进制数值	30	31	46	46	31	30	31	30	30	31	30	30	3
各数值以十六进制方式总加							273						
取后两位数作为校验码的字符							73						

3. 第 3 阶段

计算机再回应。计算机接收到 PLC 的回应数据后，计算机可传送一个"已收到"信息给 PLC，其数据格式如图 19.4 所示。其中，ACK 为 ASCII 码的 6 号字符，在计算机中属不可见字符。本次测试的操作对话框如图 19.5 所示。

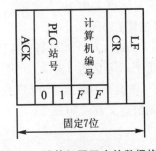

图 19.4　计算机再回应的数据格式

【注释】

图 19.5　VB 操作对话框

① 键入需要通信的数据后再单击"传送"按钮,从而监控 PLC 的通信模块,若 RD 灯号亮起时,表示此次数据传送出去,且 1 号 PLC 的 SD 灯号亮起时,表示正在回应数据。

② 110 ms 后,单击"接收"按钮数据栏即会显示 PLC 所回应的数据。

③ 若 PLC 所回应的数据正确,再于"电脑回应的资料"(计算机回应的数据)列表框中键入数据,单击"传送"后即告知 PLC"计算机已收到"。

19.4　通信数据错误时

同上述的测试,校验码用于确认接收数据,若计算机要求通信的数据中发生校验码错误,其通信数据的形式如图 17.7 所示,其中 PLC 回应的数据格式如图 19.6 所示,VB 的显示对话框如图 19.7 所示。

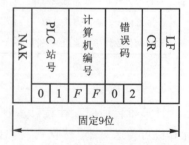

图 19.6　PLC 回应的数据格式

【注释】

① NAK:为 ASCII 码的 15 号(十六进制)字符,在计算机中属于不可见的字符。

② 错误码:02 表示 PLC 接收到的校验码有错误,其他错误码的意义详见附录 F。

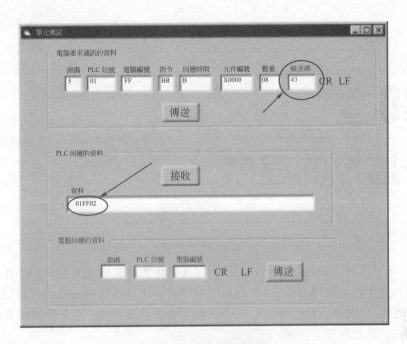

图 19.7　VB 的显示对话框

图 19.8　计算机再回应的数据格式

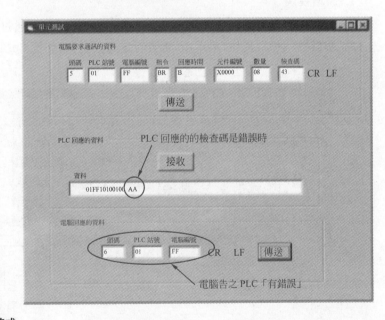

图 19.9　VB 的操作画面

同上述的测试，若 PLC 回应的数据有错误，计算机再回应 PLC 表示"数据错误"，回应的数据格式如图 19.8 所示，VB 的操作对话框如图 19.9 所示。

第 20 章
用于监控的程序

通过第 18 章及第 19 章的介绍可以发现,每次通信的数据中都有相同的计算,而这些相同的计算可以用模块内的程序建立,这样程序可以随时调用这些模块来使用。相同程序中,若没有用到 VB 的控件,则会将此程序建立于 VB 的一般模块文件内,其文件的副文件名为 .bas,而模块及其内部的程序建立步骤如下所示。

1. 新增模块

新设的工程(专用功能选项)中,不会产生模块,所以必须通过新建的方式来建立模块,即选择"工程"|"新建"|"模块"菜单项,再自行定义其名称,如图 20.1 所示。

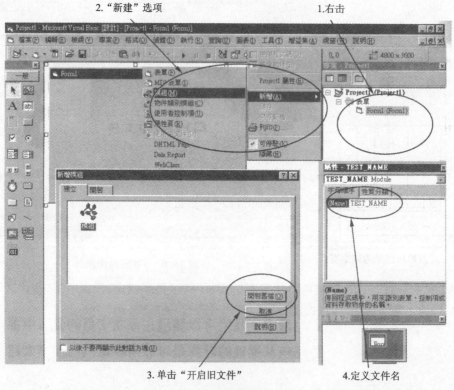

图 20.1　模块的新建对话框

2. 新建程序

在模块内新增程序时可以选择"工具"|"新增程序",自行定义程序的名称;类型列表框选择 Function;有效范围列表框选择 Public,表示此程序可公开使用;"将所有区域变量指定为静态"复选框为未选中,如图 20.2 所示。程序套用其他程序时,可以框选程序后,"复制"到欲使用的模块内。

图 20.2 新增程序的设置

VB 监控程序中,可以在一般模块内建立共用的程序,使程序较具有可读性。本书监控系统中,需要建立的程序如下所示。

(1) chksum

每次 PC 传送的通信过程中,传送的数据内必须有校验码,故可以建立用于计算校验码的程序,而此程序的用途有 3 种情况,分别为:

1) 传送数据为固定时

为减少 PC 的执行程序以提高运算速度,一般先以另一专案计算出检查码后,再于监控的专案程序中直接传送校验码,如下列 VB 程序:

```
MSComm1.Output = Chr(5) + "00FFBR0Y0000032C"
```

上述的程序中,00FFBR0Y000003 为一固定的传送数据,先以另一专案计算出校验码为 2C 后,再于监控的工程程序中直接传送校验码,此种方式可减少 PC 的执行程序,并且避免人工作计算时的错误。

2) 传送数据为变动时

可以于监控的工程程序中,直接调用 chksum 程序自动计算出校验码,并将数据合并后再作为传送的数据,如下到 VB 程序:

```
send_text = plc_nmu + "FFBW0Y0000011"
send_chksum = chksum(send_text)
MSComm1.Output = Chr(5) + send_text + send_chksum
```

上述的程序中,send_text 因 plc_nmu 为一变量故为变量的传送数据,所以可以用 send_chksum 来引用并传回 chksum(send_text)的校验码,并以 Chr(5) + send_text + send_chksum 合并来作为传送的数据。

3) stx_chk 程序的使用

其使用的范围详见下面的 stx_chk 程序。

（2）stx_chk

每次 PLC 回应元件数据的通信中有校验码，当 PC 要确认此次通信是否正确时，须利用 chksum 程序计算出此次数据的校验码，并与 PLC 所回应的校验码比对，若两者相同，才可判定 PC 接收的通信数据是正确的。

（3）hex_doc

每次 PLC 回应 word 元件的数据时，其是以 4 个十六进制的字符来表示，常将十六进制转换为十进制以作为监控的显示值。

（4）doc_hex

由于常采用十进制计数法，而 PC 则以 4 个十六进制的字符用于写入 PLC 的 word 元件，所以在写入 word 元件的控制时，必须要有十进制数值转换为 4 个十六进制的字符的功能。

（5）hex_bit

PLC 中常以数据寄存器表示位元件的状态，如下列 PLC 的程序：

```
LD M8000
MOV K4Y0000 D100
```

在上述程序中，若 PLC 的 Y1、Y2、Y4、Y6、Y12、Y15 及 Y17 为 ON 时，D100 的值会变为 42 070（十进制），所以在计算机监控中可读取 D100 的值并解码为位状态，用以监控 Y0～Y17。hex_bit 的程序应用大多应用于采用全双工通信的情况。

（6）hex4_doc_mux

hex4_doc_mux 与 hex_doc 都是将 PLC 回应的 4 个十六进制字符转换为十进制数值，但 hex_doc 仅针对正值（＋）的数据，而 hex4_doc_mux 可针对正或负值（＋/－）的数据。

（7）hex8_doc_mux

hex8_doc_mux 与 hex4_doc_mux 都可针对正或负值（＋/－）的数据作十六进制字符与十进制数值的转换，但 hex4_doc_mux 是针对 PLC 16 位 word 元件；而 hex8_doc_mux 是针对 32 位 word 元件，即将 8 个十六进制字符转换为十进制数值。

（8）doc_hex4_mux

doc_hex4_mux 与 doc_hex 都是将十进制数值转换为 4 个十六进制字符写入 PLC word 元件，但 doc_hex 仅针对正值（＋）的数据，而 doc_hex4_mux 可针对正或负值（＋/－）的数据。

（9）doc_hex8_mux

doc_hex8_mux 与 doc_hex4_mux 都可针对正或负值（＋/－）的数据做十进制数值与十六进制字符的转换，但 doc_hex4_mux 针对 PLC 16 位 word 元件；而 doc_hex8_mux 是针对 32 位 word 元件，即将十进制数值转换为 8 个十六进制字符。

上述 9 种程序的内容及执行的方法，本书会后读各节中详细说明。

20.1　chksum 程序

chksum 程序的内容及使用详见下述介绍。

1. 程　序

```
1  Function chksum(chksum_text As String) As String
2    Dim text_len As Byte
3    Dim i As Byte
4    Dim sum_doc As Long
5    Dim sum_hex As String
6    text_len = Len(chksum_text)
7    For i = 1 To text_len
8        sum_doc = Asc(Mid(chksum_text, i, 1)) + sum_doc
9    Next i
10   sum_hex = Hex(sum_doc)
11   chksum = Right(sum_hex, 2)
12 End Function
```

【注释】

① 第 1 行中，chksum_text 为引用且其类型为字符串；chksum 传回的数据类型为字符串。

② 第 2～5 行为各变量的设置。

③ 第 6 行中，text_len 的值为 Len(chksum_text)传回的字符数。

④ 第 7～9 行中，sum_doc 的值为 chksum_text 各字符的 ASCII 码值的总和，并以十进制的数值来表示。

⑤ 第 10 行中，sum_hex 的值为 sum_doc 转换为十六进制的字符。

⑥ 第 11 行中，chksum 其值为 sum_hex 的后两位的字符。

⑦ 第 12 行中，程序结束并传回 chksum 的值。

2. 操作对话框的设计

建立一个专案，如图 20.3 所示的对话框，其中模块内所建立的程序，如下所示（一般模块内须建立 chksum 程序）。

```
1  Private Sub Command1_Click()
2    Text2.Text = chksum(Text1.Text)
3  End Sub
```

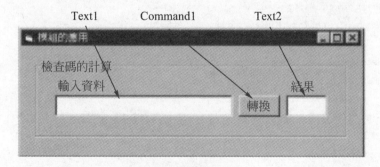

图 20.3　对话框的设计

【注释】

① 第1行中,当Command1发生Click事件后,开始执行第2行的程序。

② 第2行中,Text2.Text的值为执行chksum程序后所传回的值;Text1.Text为chksum程序的引数。

③ 第3行中,End Sub表示Command1_Click执行结束。

3. 操作对话框的执行

可以利用表18.1的内容来执行并得到与表18.1相同的校验码,如图20.4所示。

图20.4 操作的对话框

20.2 stx_chk 程序

stx_chk程序的内容及使用详见下述介绍。

1. 程序的内容

```
1    Function stx_chk(in_buffer As String) As Byte
2        Dim etx_len As Byte
3        Dim chksum_plc As String * 2
4        Dim chksum_pc As String * 2
5        If Left(in_buffer, 1) = Chr(2) Then
6            etx_len = InStr(6, in_buffer, Chr(3), vbTextCompare)
7            If etx_len = 0 Then
8                stx_chk = 0
9            Else
10               chksum_plc = Mid(in_buffer, etx_len + 1, 2)
11               chksum_pc = chksum(Mid(in_buffer, 2, etx_len - 1))
12               If chksum_plc = chksum_pc Then
13                   stx_chk = 1
14               Else
15                   stx_chk = 0
16               End If
17           End If
18       Else
19           stx_chk = 0
20       End If
21   End Function
```

【注释】

① 当 PC 传送要求读取 PLC 元件数据的通信后，PLC 会回传元件数据的通信，而 stx_chk 程序即用于确认此通信数据是否正确，并可作为监控时通信断线的依据。后面将以"回应数据"表示 PLC 回应元件状态的通信数据。

② 第 1 行中，in_buffer 为引用且其类型为字符串；stx_chk 传回的数据类型为字节。

③ 第 2～4 行为各变量的设置。

④ 第 5 行中，"回应数据"的第 1 个字符必须为 Chr(2)，即为 STX 控制码，所以可以作为第 1 个判定通信是否正确的条件。

⑤ 第 6 行中，"回应数据"中必须要有 Chr(3)，即为 ETX 控制码，故可利用 InStr 函数来取得"回应数据"中有 Chr(3)字符的位置，并以 etx_len 存储。

InStr(6, in_buffer, Chr(3), vbTextCompare)表示：因"回应数据"前五个字符为固定的，故以第 6 个字符为搜寻的起始位置；in_buffer 为搜寻的字串；Chr(3)为比对的字串；vbTextCompare 为按照文字比对。

⑥ 第 7 行中，etx_len 若为 0，则表示"回应数据"中无 Chr(3)的字符，此为第 2 个判定通信是否正确的条件。

⑦ 第 8 行中，stx_chk 为 0 表示通信异常。

⑧ 第 10 行中，"回应数据"中的校验码为 Chr(3)后 2 位的字符，故可利用 Mid 函数来取得"回应数据"中的校验码，并以 chksum_plc 来存储。

Mid(in_buffer, etx_len + 1, 2)表示：in_buffer 为获取的字符串；etx_len+1 为获取的起始位置；2 为获取的字符数。

⑨ 第 11 行中，chksum_pc 的值为"回应数据"中的数据经 chksum 执行后的校验码。

⑩ 第 12 行中，判定 chksum_plc 与 chksum_pc 的值是否相同，此为第 3 个判定通信是否正确的条件。

⑪ 第 13～19 行中，若各条件都为真，会以 stx_chk 为 1 来表示通信正确。

2. 操作对话框的设计

建立一个专案，如图 20.5 所示的对话框，其中模块内所建立的程序，如下所示（一般模块内须建立 chksum 程序及 stx_chk 程序）。

```
1   Private Sub Form_Load()
2       Select Case stx_chk(Chr(2) + "02FF123456789ABCD" + _
3                           Chr(3) + "D8")
4           Case 0: Shape1.FillColor = QBColor(4)
5           Case 1: Shape1.FillColor = QBColor(2)
6       End Select
7   End Sub
```

【注释】

① 第 1 行中，对话框载入后即执行第 2～6 行的程序。

② 第 2 行中，Select Case 为选择性的语法。

③ 第 2 行中，传回执行 stx_chk 程序后的值，Chr(2)+"02FF123456789ABCD" Chr(3)

＋"D8"为假设的"回应数据"。

④ 第 4 行中,QBColor(4)函数为对应 RGB 第 4 码的颜色。

3. 操作对话框的执行

执行的对话框如图 20.6 所示。

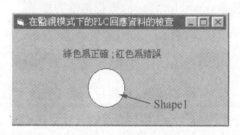

图 20.5　对话框的设计

图 20.6　操作对话框

20.3　hex_doc 程序

hex_doc 程序的内容及使用详见下述介绍。

1. 程序的内容

```
1   Function hex_doc(hex_text As String) As Long
2       hex_doc = ("&h" + hex_text) * 1
3   End Function
```

【注释】

① 第 1 行中,hex_text 为引数且其类型为字符串;hex_doc 传回的数据类型为长整数。

② 第 2 行中,以"&h"＋ hex_text 使得 hex_text 变为十六进制的字串,乘 1 后变为十进制的数值。

2. 操作对话框的设计

可以建立一个专案,如图 20.7 所示的对话框,其中,模块内所建立的程序,如下所示(一般模块内须建立 hex_doc 程序)。

```
1   Private Sub Command1_Click()
2       Text2.Text = hex_doc(Text1.Text)
3   End Sub
```

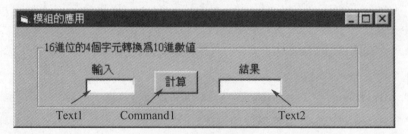

图 20.7　对话框的设计

3. 操作对话框的执行

执行的对话框如图 20.8 所示。

图 20.8　操作对话框

20.4　doc_hex 程序

doc_hex 程序的内容及使用详见下述介绍。

1. 程序的内容

```
1    Function doc_hex(doc_num As Long) As String
2        Dim hex_word As String
3        Dim hex_len As Byte
4        hex_word = Hex(doc_num)
5        hex_len = Len(hex_word)
6        Select Case hex_len
7            Case 1：doc_hex = "000" + hex_word
8            Case 2：doc_hex = "00" + hex_word
9            Case 3：doc_hex = "0" + hex_word
10           Case 4：doc_hex = hex_word
11       End Select
12   End Function
```

【注释】

① 第 1 行中，doc_num 为引数且其类型为长整数；doc_hex 传回的数据类型为字符串。
② 第 2～3 行为变量的设置。
③ 第 4 行中，hex_word 为 Hex(doc_num) 函数传回的十六进制的字串。
④ 第 5 行中，hex_len 为 Len(hex_word) 函数传回的字符数。
⑤ 第 6～11 行为将 hex_word 补足为 4 个字符。

2. 操作对话框的设计

可以建立一个专案，如图 20.9 所示的对话框，其中，模块内所建立的程序，如下所示（一般模块内须建立 doc_hex 程序）。

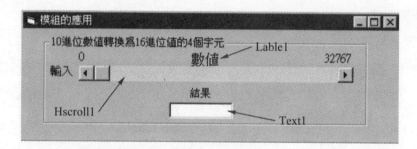

图 20.9　对话框的设计

```
1    Private Sub HScroll1_Change()
2        Text1.Text = doc_hex(HScroll1.Value)
3    End Sub
4    Private Sub HScroll1_Scroll()
5        Label1.Caption = HScroll1.Value
6    End Sub
```

【注释】

① 第 1 行中，控件 HScroll1 发生 Change 事件时，则执行第 2 行的程序。
② 第 2 行中，Text1.Text 的值为执行 doc_hex(HScroll1.Value)程序所传回的值。
③ 第 4 行中，控件 HScroll1 发生 Scroll 事件时，则执行第 2 行的程序。
④ 第 5 行中，当 HScroll1 滑杆滑动时，Label1.Caption 会显示滑动的位置值。

3. 操作对话框的执行

执行的对话框如图 20.10 所示。

图 20.10　操作对话框

20.5　hex_bit 程序

hex_bit 程序的内容及使用详见下述介绍。

1. 程序的内容

```
1    Function hex_bit(hex4_text As String) As String
2        Dim bit_num As Byte
```

```
3          Dim bit_text(15) As String * 1
4          Dim mod_doc As Long
5          mod_doc = hex_doc(hex4_text)
6          For bit_num = 0 To 15
7              bit_text(15 - bit_num) = IIf(mod_doc / 2 ^ (15 - bit_num) < 1, "0", "1")
8
9              mod_doc = mod_doc Mod 2 ^ (15 - bit_num)
10             hex_bit = hex_bit + bit_text(15 - bit_num)
11         Next bit_num
12     End Function
```

【注释】

① 第 1 行中,hex4_text 为引数且其类型为字符串;hex_bit 传回的数据类型为字符串。

② 第 2～4 行为变量的设置,其中,bit_text(15)设置为 16 行的阵列。

③ 第 5 行中,mod_doc 的值为执行 hex_doc(hex4_text)程序后传回的值。

④ 第 6 行,重复性的语法。

⑤ 第 7～8 行中,bit_text(15 - bit_num)的各阵列值为 IIf(mod_doc / 2 ^ (15 - bit_num) < 1, "0", "1")函数传回的值。

IIf 函数中,若 IIf(1>2,1,2),其表示为:当 1>2 为 True 时,其传回 1;当 1>2 为 False 时,其传回 0。

⑥ 第 9 行中,mod_doc 的值为 mod_doc 除以 2 ^ (15 - bit_num)的余数。

⑦ 第 10 行中,hex_bit 的值为 bit_text 各阵列的合并值。

2. 操作对话框的设计

可以建立一个专案,如图 20.11 所示的对话框,其中模块内所建立的程序,如下所示(一般模块内须建立 hex_doc 程序及 hex_bit 程序)。

图 20.11 对话框的设计

```
1    Private Sub Command1_Click()
2        Text2.Text = hex_bit(Text1.Text)
3    End Sub
```

3. 操作对话框的执行

执行的对话框如图 20.12 所示。

图 20.12 操作对话框

20.6 hex4_doc_mux 程序

hex4_doc_mux 程序的内容及使用详见下述介绍。

1. 程序的内容

```
1   Function hex4_doc_mux(hex4_text_mux As String) As Long
2       Dim hex4_bit_mux As String
3       Dim hex4_bit_mux_new As String
4       Dim flag_mux As Boolean
5       Dim i As Byte
6       Dim flag_1_num As Byte
7       hex4_doc_mux = 0
8       hex4_bit_mux = hex_bit(hex4_text_mux)
9       If Mid(hex4_bit_mux, 1, 1) = "1" Then
10          flag_mux = True
11          For i = 0 To 15
12              If Mid(hex4_bit_mux, 16 - i, 1) = "1" Then
13                  flag_1_num = 16 - i
14                  Exit For
15              End If
16          Next i
17          hex4_bit_mux_new = Mid(hex4_bit_mux, flag_1_num, _
18              17 - flag_1_num)
19          For i = 0 To flag_1_num - 2
20              If Mid(hex4_bit_mux, flag_1_num - 1 - i, 1) = "1" Then
21                  hex4_bit_mux_new = "0" & hex4_bit_mux_new
22              Else
23                  hex4_bit_mux_new = "1" & hex4_bit_mux_new
24              End If
```

```
25      Next i
26    Else
27      flag_mux = False
28      hex4_bit_mux_new = hex4_bit_mux
29    End If
30    For i = 0 To 15
31      If Mid(hex4_bit_mux_new, i + 1, 1) = "1" Then hex4_doc_mux = _
32          hex4_doc_mux + (2 ^ (15 - i))
33    Next i
34    If flag_mux = True Then hex4_doc_mux = -1 * hex4_doc_mux
35  End Function
```

【注释】

① 第 8 行是将 4 个十六进制字符转换为 16 位。
② 第 9 行为判定 16 位的负数标志,若为"1"则表是负值。
③ 第 10 行中,flag_mux 为 True 则为负值;False 则为正值。
④ 第 11~16 行中,以做 2′补数为概念,找出 16 位中最先为"1"的位。
⑤ 第 17~18 行为取得不作 2′补数转换的位。
⑥ 第 19~25 行为作 2′补数转换以变量 hex4_bit_mux_new 存储。
⑦ 第 28 行中,当不为负数时,则不需作 2′补数,即 hex4_bit_mux_new 等于 hex4_bit_mux。
⑧ 第 30~33 行中,将 hex4_bit_mux_new 的各位值转换为十进制数值。
⑨ 第 34 行中,若 flag_mux 为 True 则将十进制值以负值表示。

2. 操作对话框的设计

建立专案,如图 20.13 所示的对话框,其中模块内建立的程序,如下所示(一般模块内须建立 hex4_doc_mux,hex_bit 及 hex_doc 程序)。

```
1  Private Sub Command1_Click()
2      Text2.Text = hex4_doc_mux(Text1.Text)
3  End Sub
```

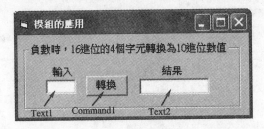

图 20.13 对话框的设计

3. 操作对话框的执行

执行的对话框如图 20.14 所示。

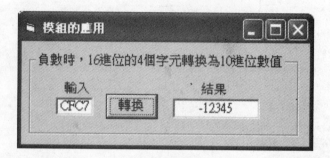

图 20.14 操作的对话框

20.7 hex8_doc_mux 程序

hex8_doc_mux 程序的内容及使用详见下述介绍。

1. 程序的内容

```
1   Function hex8_doc_mux(hex8_text_mux As String) As Long
2       Dim hex8_bit_mux As String
3       Dim hex8_bit_mux_new As String
4       Dim flag_mux As Boolean
5       Dim i As Byte
6       Dim flag_1_num As Byte
7       hex8_doc_mux = 0
8       hex8_bit_mux = hex_bit(Mid(hex8_text_mux, 5, 4)) & _
9           hex_bit(Mid(hex8_text_mux, 1, 4))
10      If Mid(hex8_bit_mux, 1, 1) = "1" Then
11          flag_mux = True
12          For i = 0 To 31
13              If Mid(hex8_bit_mux, 32 - i, 1) = "1" Then
14                  flag_1_num = 32 - i
15                  Exit For
16              End If
17          Next i
18          hex8_bit_mux_new = Mid(hex8_bit_mux, flag_1_num, 33 - _
19              flag_1_num)
20          For i = 0 To flag_1_num - 2
21              If Mid(hex8_bit_mux, flag_1_num - 1 - i, 1) = "1" Then
22                  hex8_bit_mux_new = "0" & hex8_bit_mux_new
23              Else
24                  hex8_bit_mux_new = "1" & hex8_bit_mux_new
25              End If
26          Next i
27      Else
```

```
28      flag_mux = False
29          hex8_bit_mux_new = hex8_bit_mux
30      End If
31      For i = 0 To 31
32          If Mid(hex8_bit_mux_new, i + 1, 1) = "1" Then hex8_doc_mux = _
33              hex8_doc_mux + (2 ^ (31 - i))
34      Next i
35      If flag_mux = True Then hex8_doc_mux = -1 * hex8_doc_mux
36  End Function
```

【注释】

① 第 8~9 行中,分别将 2 组 4 个十六进制字符转换为 16 位再组合为 32 位。

② 第 10 行为判定 16 位的负数标志,若为"1"则表是负值。

③ 第 11 行中,flag_mux 为 True 则为负值;False 则为正值。

④ 第 12~17 行中,以 2′补数为概念,找出 16 位中最先为"1"的位。

⑤ 第 18~19 行为取得不做 2′补数转换的位。

⑥ 第 20~26 行为作 2′补数转换以变量 hex8_bit_mux_new 存储。

⑦ 第 29 行中,当不为负数时,则不需作 2′补数,即 hex8_bit_mux_new 等于 hex8_bit_mux。

⑧ 第 31~34 行中,将 hex8_bit_mux_new 的各位值转换为十进制数值。

⑨ 第 35 行中,若 flag_mux 为 True 则将十进制值以负值表示。

2. 操作对话框的设计

建立专案,如图 20.15 所示的对话框,其中模块内建立的程序,如下所示(一般模块内须建立 hex8_doc_mux,hex_bit 及 hex_doc 程序)。

```
1  Private Sub Command1_Click()
2      Text2.Text = hex8_doc_mux(Text1.Text)
3  End Sub
```

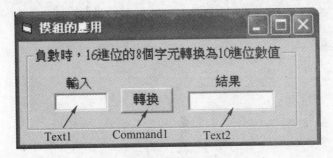

图 20.15 对话框的设计

3. 操作对话框的执行

执行的对话框如图 20.16 所示。

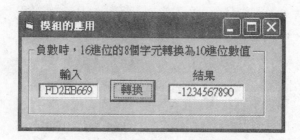

图 20.16 操作对话框

20.8 doc_hex4_mux 程序

doc_hex4_mux 程序的内容及使用详见下述介绍。

1. 程序的内容

```
1   Function bit16_doc(bit16_doc_txt As String) As Long
2       Dim i As Byte
3       bit16_doc = 0
4       For i = 0 To 15
5           bit16_doc = bit16_doc + (Val(Mid(bit16_doc_txt, 16 - i, 1))) * 2 ^ i
6       Next i
7   End Function
8
9   Function doc_hex4_mux(doc_hex4_mux_txt As Long) As String
10      Dim bit16_txt As String
11      Dim i As Byte
12      Dim flag_1_num As Byte
13      Dim bit16_txt_new As String
14      Dim doc_new As Long
15      If doc_hex4_mux_txt >= 0 Then
16          doc_hex4_mux = doc_hex(doc_hex4_mux_txt)
17          Exit Function
18      End If
19      bit16_txt = hex_bit(doc_hex(doc_hex4_mux_txt * -1))
20      For i = 0 To 15
21          If Mid(bit16_txt, 16 - i, 1) = "1" Then
22              flag_1_num = 16 - i
23              Exit For
24          End If
25      Next i
26      bit16_txt_new = Mid(bit16_txt, flag_1_num, 17 - flag_1_num)
27      For i = 0 To flag_1_num - 2
```

```
28              If Mid(bit16_txt, flag_1_num - 1 - i, 1) = "1" Then
29                  bit16_txt_new = "0" & bit16_txt_new
30              Else
31                  bit16_txt_new = "1" & bit16_txt_new
32              End If
33          Next i
34          doc_new = bit16_doc(bit16_txt_new)
35          doc_hex4_mux = doc_hex(doc_new)
36      End Function
```

【注释】

① 第 1~7 行中，为建立 16 位转为十进制数值的程序。

② 第 15~18 行中，若不为负数，则直接以 doc_hex 程序得到结果。

③ 第 19 行中，将 4 个十六进制字符转换为 16 位。

④ 第 20~25 行中，以 2′补数为概念，找出 16 位中最先为"1"的位。

⑤ 第 26 行为取得不作 2′补数转换的位。

⑥ 第 27~33 行为作 2′补数转换。

⑦ 第 34~35 行为将经 2′补数转换后的 16 位再转换为 4 个十六进制字符。

2. 操作对话框的设计

建立专案，如图 20.17 所示的对话框，其中模块内建立的程序，如下所示（一般模块内须建立 bit16_doc、doc_hex4_mux、doc_hex、hex_bit 及 hex_doc 程序）。

```
1   Private Sub Command1_Click()
2       Text2.Text = doc_hex4_mux(Text1.Text)
3   End Sub
```

3. 操作对话框的执行

执行的画面如图 20.18 所示。

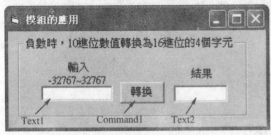

图 20.17 对话框的设计

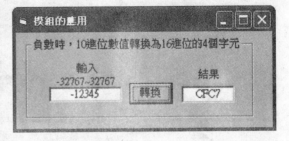

图 20.18 操作对话框

20.9 doc_hex8_mux 程序

doc_hex8_mux 程序的内容及使用详见下述介绍。

1. 程　序

```
1   Function doc_hex8_mux(doc_hex8_mux_txt As Double) As String
2       If doc_hex8_mux_txt >= 0 And doc_hex8_mux_txt <= 65535 Then
3           Dim doc_hex8_mux_txt_long As Long
4           doc_hex8_mux_txt_long = doc_hex8_mux_txt
5           doc_hex8_mux = doc_hex4_mux(doc_hex8_mux_txt_long) & "0000"
6           Exit Function
7       End If
8       Dim flag_mux As Boolean
9       Dim i As Byte
10      If doc_hex8_mux_txt < 0 Then
11          flag_mux = True
12          doc_hex8_mux_txt = doc_hex8_mux_txt * -1
13      Else
14          flag_mux = False
15      End If
16      Dim bit32_text(31) As String * 1
17      Dim doc_bit32 As String
18      Dim doc_bit32_new As String
19      Dim flag_1_num As Byte
20      For i = 0 To 31
21          If i = 0 Then
22              If doc_hex8_mux_txt > 2147483647 Then
23                  bit32_text(31) = "1"
24                  doc_hex8_mux_txt = doc_hex8_mux_txt - 2147483647 - 1
25              Else
26                  bit32_text(31) = "0"
27              End If
28          Else
29              bit32_text(31 - i) = IIf(doc_hex8_mux_txt / 2 ^ (31 - i) < 1, _
30                  "0", "1")
31              doc_hex8_mux_txt = doc_hex8_mux_txt Mod 2 ^ (31 - i)
32          End If
33          doc_bit32 = doc_bit32 + bit32_text(31 - i)
34      Next i
35      If flag_mux = True Then
36          For i = 0 To 31
37              If Mid(doc_bit32, 32 - i, 1) = "1" Then
38                  flag_1_num = 32 - i
39                  Exit For
40              End If
41      Next i
```

```
42      doc_bit32_new = Mid(doc_bit32, flag_1_num, 33 - flag_1_num)
43      For i = 0 To flag_1_num - 2
44          If Mid(doc_bit32, flag_1_num - 1 - i, 1) = "1" Then
45              doc_bit32_new = "0" & doc_bit32_new
46          Else
47              doc_bit32_new = "1" & doc_bit32_new
48          End If
49      Next i
50      Else
51      doc_bit32_new = doc_bit32
52      End If
53      doc_hex8_mux = doc_hex(bit16_doc(Mid(doc_bit32_new, 17, 16))) & _
54      doc_hex(bit16_doc(Mid(doc_bit32_new, 1, 16)))
55  End Function
```

【注释】

① 第2~7行中,若不为负数且值小于或等于16位最大值,直接以 doc_hex4_mux 程序得到结果。

② 第10~12行中,若为负数,则 flag_mux 为 True 且值转为正数。

③ 第20~34行中,当值大于31位值时,则将第32位变为"1";其他则依序转换为32位。

④ 第36~41行中,以 2' 补数为概念,找出32位中最先为"1"的位。

⑤ 第42行为取得不作 2' 补数转换的位。

⑥ 第43~49行为作 2' 补数转换。

⑦ 第53~54行为将经 2' 补数转换后的32位,分为2组16位再转换为4个十六进制字符并合并为8个十六进制字符。

2. 操作对话框的设计

建立专案,如图20.19所示的对话框,其中模块内建立的程序,如下所示(一般模块内须建立 bit16_doc、doc_hex8_mux、doc_hex4_mux、doc_hex 及 hex_bit 程序)。

图20.19 对话框的设计

```
1   Private Sub Command1_Click()
2       Text2.Text = doc_hex8_mux(Text1.Text)
3   End Sub
```

3. 操作对话框的执行

执行的画面如图 20.20 所示。

图 20.20　操作对话框

第 21 章 读取时机

计算机与PLC读写的通信过程中,PLC回应数据的通信是有一段时间的,故计算机传送"要求读取PLC元件数据"的通信后,计算机何时才能读取PLC回应的数据呢?这个"读取时机"是本章所要说明的重点。

21.1 延迟式

计算机传送要求读取PLC元件数据的通信后,可延迟一段时间才读取计算机的输入缓存内的字符,即以延迟作为"读取时机"的应用。以延迟作为"读取时机"时,其可应用于PLC的形式1及形式4的通信格式,例如,当计算机欲读取0号PLC的X0~X2的状态,且PLC的通信格式为形式1时,则以延迟作为"读取时机"的应用方式,如下列叙述:

1. 通信配线的方法

通线配线的方法,如图21.1所示。

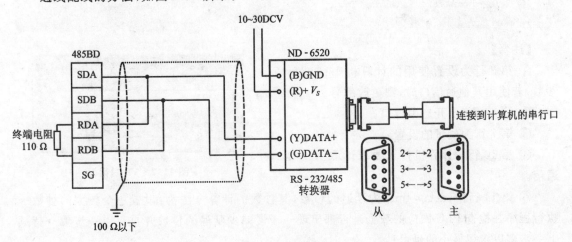

图 21.1 通信配线图

2. PLC 的程序

PLC 的程序如下所示。

```
LD M8002
MOV H6080 D8120
MOV H0000 D8121
MOV K0 D8129
END
```

3. VB 的对话框

VB 对话框如图 21.2 所示,其程序如下所示。

```
1   Private Sub Form_Load ()
2       MSComm1.CommPort = 1
3       MSComm1.Settings = "9600,n,7,1"
4       MSComm1.PortOpen = True
5   End Sub
6   Private Sub Command1_Click()
7       Dim delay_time As Double
8       Dim delay_start As Double
9       Dim delay_chk As Double
10      MSComm1.Output = Chr(5) + "00FFBR0X0000032B"
11      delay_time = 0.1
12      delay_start = Timer
13      Do
14          delay_chk = delay_start + delay_time
15      Loop Until Timer > delay_chk
16      Text1.Text = MSComm1.Input
17  End Sub
```

【注释】

① 第 2 行为设置使用的计算机串行口及通信参数,若使用其他通信口时,则更改编号。

② 第 4 行表示开启串行口。

③ 第 7 行为变量的设置。

④ 第 10 行为计算机传送要求读取 X0～X2 的通信。

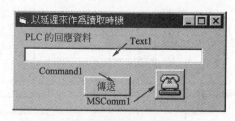

图 21.2 VB 对话框

⑤ 第 11 行中,delay_time 为延迟的秒数,其秒数的计算方法为:设置一个较大的秒数→执行程序并检查 PLC 回应的数据是否都出现→慢慢减少延迟的秒数并重复上一步骤→持续上一步骤以求得最小的延迟秒数。

⑥ 第 12 行中,delay_start 为计算机现在的时间并以秒数来表示。

⑦ 第 13～15 行为用于延迟的程序。

⑧ 第 16 行表示读取计算机的输入缓存内的字符,并将字符显示在 Text1.Text 中。

第21章 读取时机

4. 利用 VB 进行监控

上述都完成后即可开始以 VB 用于 PLC 的监控,在 VB 的监控对话框中,单击"传送"按钮即可看到 PLC 所回应的数据,如图 21.3 所示。

5. 计算机再回应

第 16 章中指出 BR 指令的通信形式中,计算机(可)再回应一个已收到或错误的通信,但在本节的

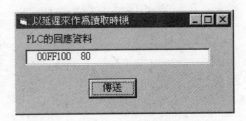

图 21.3 VB 的监控对话框

实例中并未使用此项通信,因为此项通信的有无并不影响 PLC 的通信运作。实际的监控系统中,为了提高监控的响应速度及降低程序的行数,都不使用(计算机再回应)此项通信。

21.2 检测式

PLC 的形式 4 通信格式中,每次的通信数据最后都会加上 CR 及 LF 两个控制码,故可以用检测到 CR 及 LF 两个控制码时当作"读取时机"。

以检测作为"读取时机"时,仅能应用于 PLC 的形式 4 的通信格式,例如,当计算机欲读取 0 号 PLC 的 X0~X2 的状态,且 PLC 的通信格式为形式 4 时,则以检测作为"读取时机"的应用方式,如下列叙述:

1. 通信配线的方法

如图 21.1 所示。

2. PLC 的程序

PLC 的程序如下所示。

```
LD M8002
MOV HE080 D8120
MOV H0000 D8121
MOV K0 D8129
END
```

3. VB 的对话框

如图 21.2 所示。

4. 模块内所建立的程序

模块内建立的程序改写为:

```
1   Private Sub Form_Load()
2       MSComm1.CommPort = 1
3       MSComm1.Settings = "9600,n,7,1"
4       MSComm1.PortOpen = True
5   End Sub
6   Private Sub Command1_Click()
7       Dim delay_time As Double
```

```
8        Dim delay_start As Double
9        Dim in_buffer As String
10       MSComm1.Output = Chr(5) + "00FFBR0X0000032B" + _
11                        Chr(13) + Chr(10)
12       delay_time = 3
13       delay_start = Timer
14       Do
15           in_buffer = in_buffer + MSComm1.Input
16       Loop Until InStr(in_buffer, vbCrLf) Or _
17                  Timer > delay_start + delay_time
18       Text1.Text = in_buffer
19   End Sub
```

【注释】

① 第14~17行为一重复结构的程序,当检测到CR及LF控制码时,即表PLC已回应数据完成。

② 第12~13行中,为用于防止通信断线时计算机会一直执行Do…Loop的语句的现象,故以Timer > delay_start + delay_time作为脱离Do…Loop语句的条件。

5. PLC监控

上述都完成后即可开始以VB用于PLC的监控,在VB的监控对话框中,单击"传送"按钮即可看到PLC所回应的数据,如图21.3所示。

6. 计算机再回应

以形式4的通信格式作为监控系统时,其如同形式1一样也可不使用(计算机再回应)此项通信。

21.3 事件式

以MSComm控件的ComEvReceive事件来作为"读取时机":PLC回应给计算机的数据会先存入计算机的输入缓存内,此时若MSComm的Rthreshold中设置了最小接收字符数,则当计算机的输入缓存内的字符数大于Rthreshold的设置时,会引发MSComm的ComEvReceive事件,故即可利用这个事件来作为"读取时机"。

在以ComEvReceive事件作为"读取时机"时,因其在监控系统的监控流程中为循环检测的状态(循环检测的说明,参考下一章),所以会一直有数据进入计算机的输入暂存区内,而为了要确保计算机读取的数据具有完整性,故必须设置MSComm控件的InputLen属性。

当将MSComm控件的InputLen属性设置为10时,则每次以MSComm控件的Input方法来读取时,仅有10个字符从计算机输入暂存区中被读出,故当以ComEvReceive事件作为"读取时机"时,必须设置Rthreshold及InputLen这两个属性。以事件作为"读取时机"时,其能应用于PLC的形式1及形式4的通信格式,例如,当计算机欲读取0号PLC的X0~X2的状态,且PLC的通信格式为形式1时,则以事件作为"读取时机"的应用方式,如下列叙述:

1. 通信配线的方法

如图 21.1 所示。

2. PLC 的程序

详见 21.1 节中的实例。

3. VB 对话框

如图 21.2 所示。

4. 模块内所建立的程序

模块内建立的程序可改写为：

```
1   Private Sub Form_Load()
2       MSComm1.CommPort = 1
3       MSComm1.Settings = "9600,n,7,1"
4       MSComm1.RThreshold = 11
5       MSComm1.InputLen = 11
6       MSComm1.PortOpen = True
7   End Sub
8   Private Sub Command1_Click()
9       MSComm1.Output = Chr(5) + "00FFBR0X0000032B"
10  End Sub
11  Private Sub MSComm1_OnComm()
12      If MSComm1.CommEvent = comEvReceive Then
13          Text1.Text = MSComm1.Input
14      End If
15  End Sub
```

【注释】

① 第 4 及 5 行中的 RThreshold 及 InputLen 的设置值的计算方法依 PLC 所回应的字符数来设置。在此实例中，计算机要求 0 号 PLC 回应其 X0～X2 的数据，故 PLC 回应的数据为：STX(控制码，1 个字符)＋00(PLC 站号，2 个字符)＋FF(计算机编号，2 个字符)＋X0～X2 的接点状态(3 个字符)＋ETX(控制码，1 个字符)＋校验码(2 个字符)，共计为 11 个字符。

② 第 11～15 行为利用事件的方式读取 PLC 所传送的数据。

5. VB 监控

上述都完成后即可以开始以 VB 用于 PLC 的监控，VB 的监控画面中，单击"传送"按钮即可看到 PLC 回应的数据，如图 21.3 所示。

21.4 响应时间

串行的通信方式可分为半双工与全双工这两种，而半双工与全双工的差异就在于响应的速度。

监控系统中，以延迟式作为读取时机时，为确保通信数据的接收完整性，所以其延迟的时间会略大于PLC的数据传送时间,而由于延迟的时间并非准确,故仅能利用半双工的通信模式;若以检测式或事件式作为读取时机,而"读取时机"的时间非常准确,故能应用于半双工或全双工的通信模式。

决定监控系统好坏的第一要素即为响应的时间,故为了提升响应时间,必须使用全双工的通信方式,而一般的监控系统会以延迟式作为半双工下的读取时机;以检测式或事件式作为全双工下的读取时机。

本书为区分各项通信格式及读取时机的应用,故后续的章节中,当为半双工时,即采用的通信格式为形式1,而读取时机为延迟式;当为全双工(I)时,即采用的通信格式为形式4,而读取时机为检测式;当为全双工(II)时,即采用的通信格式为形式1,而读取时机为事件式。

半双工、全双工(I)或全双工(II)下的监控系统中,响应时间的比较方式,本书是以一分钟内读取0号PLC的X0~X2的状态读取次数进行比较的,其比较的方法详见如下说明。

21.4.1 半双工

1. 通信配线的方法及PLC的程序

详见21.1节中的实例。

2. VB的对话框

如图21.4所示。

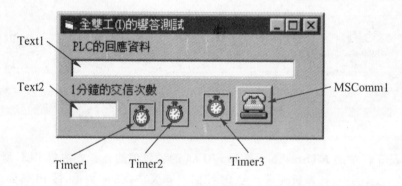

图21.4 VB的对话框

3. 模块内所建立的程序

模块内建立的程序如下所示。

```
1   Dim times As Long
2   Private Sub Form_Load()
3       MSComm1.CommPort = 1
4       MSComm1.Settings = "9600,n,7,1"
5       MSComm1.PortOpen = True
6       Text2.Text = 0
7       Timer1.Interval = 1
8       Timer2.Interval = 60000
```

```
9         Timer1.Enabled = True
10        Timer2.Enabled = True
11   End Sub
12   Private Sub Timer1_Timer()
13        Dim delay_time As Double
14        Dim delay_start As Double
15        Dim delay_chk As Double
16        MSComm1.Output = Chr(5) + "00FFBR0X0000032B"
17        delay_time = 0.1
18        delay_start = Timer
19        Do
20              delay_chk = delay_start + delay_time
21        Loop Until Timer > delay_chk
22        Text1.Text = MSComm1.Input
23        times = 1 + times
24   End Sub
25   Private Sub Timer2_Timer()
26        If times > Text2.Text Then
27              Text2.Text = times
28        End If
29        times = 0
30   End Sub
```

【注释】

① 第 1 行中,设置 times 为共用变量且其类型为长整数。

② 第 6 行中,对话框载入时将 Text2 控件的 Text 属性设置为 0,使得在第 26 行中,能与 times(数值类型)作大小判定。

③ 第 7 行中,设置 Timer1 每隔 1 ms 产生一次事件。

④ 第 8 行中,设置 Timer2 每隔 1 min 产生一次事件。

⑤ 第 12~24 行为循环检测的通信程序。

⑥ 第 23 行中,每循环检测 1 次则 times 会累加 1。

⑦ 第 25~30 行为显示 1 min 内的最高循环检测次数。

⑧ 第 29 行中,已显示最高的循环检测次数之后,times 复归为 0。

4. 测 试

PLC 及 VB 程序建立完成后,可以开始测试其响应的次数,图 21.5 中可知其 1 min 的通信次数为 488 次,即表示每次响应的速度为 0.123 s。

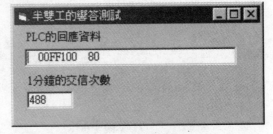

图 21.5　VB 的监控对话框

21.4.2 全双工(I)

1. 通信配线的方法

如图 21.6 所示。

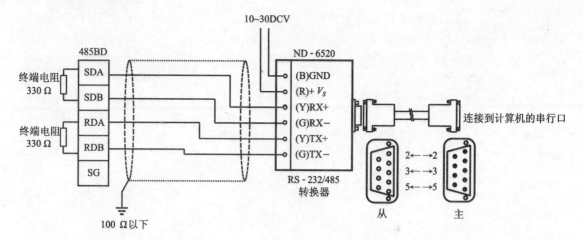

图 21.6 通信配线图

2. PLC 的程序

详见 21.2 节的实例。

3. VB 的对话框设计

如图 21.4 所示。

4. 模块内所建立的程序

模块内建立的程序如下所示。

```
1   Dim times As Long
2   Private Sub Form_Load()
3       MSComm1.CommPort = 1
4       MSComm1.Settings = "9600,n,7,1"
5       MSComm1.PortOpen = True
6       Text2.Text = 0
7       Timer1.Interval = 1
8       Timer2.Interval = 60000
9       Timer3.Interval = 1
10      Timer1.Enabled = True
11      Timer2.Enabled = True
12      Timer3.Enabled = True
13  End Sub
14  Private Sub Timer1_Timer()
15      MSComm1.Output = Chr(5) + "00FFBR0X0000032B" + _
16                       Chr(13) + Chr(10)
```

```
17      End Sub
18      Private Sub Timer3_Timer()
19          Dim delay_time As Double
20          Dim delay_start As Double
21          Dim in_buffer As String
22          delay_time = 0.5
23          delay_start = Timer
24          Do
25              in_buffer = in_buffer + MSComm1.Input
26          Loop Until InStr(in_buffer, vbCrLf) Or _
27              Timer > delay_start + delay_time
28          Text1.Text = in_buffer
29          times = 1 + times
30      End Sub
31      Private Sub Timer2_Timer()
32          If times > Text2.Text Then
33              Text2.Text = times
34          End If
35          times = 0
36      End Sub
```

【注释】

① 第 7 行中，设置 Timer1 每隔 1 ms 产生一次事件。

② 第 14～17 行为用于循环检测的传送程序。

③ 第 18～30 行为用于循环检测用的接收程序。

④ 第 29 行中，每接收 1 次则 times 会累加 1。

5．测 试

PLC 及 VB 程序建立完成后，可以开始测试其响应的次数，图 21.7 中可知其 1 min 的通信次数为 1 570 次，即表示每次响应的速度为 0.038 s。

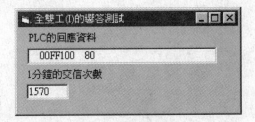

图 21.7　VB 的监控对话框

21.4.3　全双工(Ⅱ)

1．通信配线的方法

如图 21.6 所示。

2．PLC 的程序

详见 21.1 节的实例。

3．VB 的对话框设计

如图 21.4 所示。

4. 模块内所建立的程序

模块内建立的程序如下所示。

```
1    Option Explicit
2    Dim times As Long
3    Private Sub Form_Load()
4        MSComm1.CommPort = 1
5        MSComm1.Settings = "9600,n,7,1"
6        MSComm1.RThreshold = 11
7        MSComm1.InputLen = 11
8        MSComm1.PortOpen = True
9        Text2.Text = 0
10       Timer1.Interval = 1
11       Timer2.Interval = 60000
12       Timer1.Enabled = True
13       Timer2.Enabled = True
14   End Sub
15   Private Sub Timer1_Timer()
16       MSComm1.Output = Chr(5) + "00FFBR0X0000032B"
17   End Sub
18   Private Sub MSComm1_OnComm()
19       If MSComm1.CommEvent = comEvReceive Then
20           Text1.Text = MSComm1.Input
21           times = 1 + times
22       End If
23   End Sub
24   Private Sub Timer2_Timer()
25       If times > Text2.Text Then
26           Text2.Text = times
27       End If
28       times = 0
29   End Sub
```

【注释】

① 第 15~17 行为用于循环检测的传送程序。
② 第 18~23 行用于循环检测的接收程序。
③ 第 21 行中,每接收 1 次则 times 会累加 1。

5. 测 试

PLC 及 VB 程序建立完成后,可以开始测试其响应的次数,图 21.8 中可知其 1 min 的通信次数为 1 084 次,即表示每次响应的速度为 0.055 s。

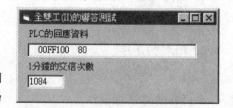

图 21.8 VB 的监控对话框

21.4.4 比 较

半双工的响应速度远不及于全双工(I)或全双工(II)的速度,故其仅能利用于监控的 PLC 元件数量不多或不要求响应时间的情况。

因全双工(I)利用 Do…Loop 语句作为检测 CR 及 LF 的程序,若无法检测到 CR 及 LF,其只能利用计时的时间来脱离循环,故在通信中若发生了通信异常的现象,则全双工(I)的响应速度不及全双工(II)的速度。

全双工(II)中,虽然没有循环检测的程序,但因 MSComm 的 Rthreshold 及 InputLen 属性无法在通信中变更,故监控多台 PLC 时,必须将读取 PLC 的数据设置为一致。

第 22 章

监控系统

PLC 的计算机监控系统中，监控系统的程序分为 3 项：第 1 项为循环检测，用于执行与 PLC 通信；第 2 项为接收数据的确认，用于判定计算机所接收的数据是否正确；第 3 项为通信次数的确认，用于判定监控中是否有断信。

前面已说明了全双工与半双工的配线方法及 PLC 参数设置，后面的章节将着重介绍 VB 程序设计。

22.1 循环检测

第 21 章介绍了"读取时机"的应用方式，但计算机的监控系统中，必须时常保持即时的监控状态，而此种即时的监控就必须采用循环检测的方法。以 VB 来作监控系统时，可以利用 Timer 这个控件来达成循环检测的目的。

22.1.1 半双工时

采用半双工时循环的特性说明如下。

优点：

- 半双工的配线方式的成本较全双工低。
- 逐步的通信方式即在计算机端的通信是采用"发送→延迟→接收"的方式，故不会产生通信电位的干涉现象且不须作延迟时间(I)的设置。
- 通信程序撰写容易：仅须将上面的通信程序以一个 Timer 的事件来达到自动的循环检测。

缺点：响应的时间较全双工长。

提升响应的方法：

- 将预读取 PLC 的元件批次化，以减少通信的次数，如当预读取 PLC 的 Y0、Y11 及 Y17 时，在 PLC 内书写下列程序：

```
LD      Y0
OUT     M100
LD      Y11
```

```
OUT     M101
LD      Y17
OUT     M102
```

则计算机即可读取 M100～M102 的批次性元件。

- 提高传输速率(Baud rate)。
- 以"管道式"取代"逐步式"的监控画面的更新方法,此方法会在第 24 章说明。

程序设计的特色:以一个 Timer 的事件来达到自动的循环检测。当计算机欲读取 0 号 PLC 的 X0～X2 及 Y0～Y2 的状态,且以半双工的配线方式时,其过程为:

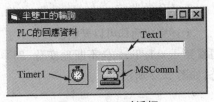

图 22.1　VB 对话框

1. VB 的设计

VB 的设计对话框如图 22.1 所示,其程序如下所示。

```
1   Private Sub Form_Load()
2       MSComm1.CommPort = 1
3       MSComm1.Settings = "9600,n,7,1"
4       MSComm1.PortOpen = True
5       Timer1.Interval = 1
6       Timer1.Enabled = True
7   End Sub
8   Private Sub Timer1_Timer()
9       Dim delay_time As Double
10      Dim delay_start As Double
11      Dim delay_chk As Double
12      MSComm1.Output = Chr(5) + "00FFBR0X0000032B"
13      delay_time = 0.1
14      delay_start = Timer
15      Do
16          delay_chk = delay_start + delay_time
17      Loop Until Timer > delay_chk
18      Text1.Text = MSComm1.Input
19      MSComm1.Output = Chr(5) + "00FFBR0Y0000032C"
20      delay_time = 0.1
21      delay_start = Timer
22      Do
23          delay_chk = delay_start + delay_time
24      Loop Until Timer > delay_chk
25      Text1.Text = MSComm1.Input
26  End Sub
```

【注释】

① 第 4 行中,Timer1 的计时时间设置为 1 ms,但 Timer 事件并不会每隔 1 ms 执行一次,而是要等到 Timer_Click 事件内的程序执行完后,才会间隔 1 ms 再执行一次。

② 第 6 行中,表示可以有 Timer_Timer 事件的发生。

2. VB 的监控

上述完成后即可以开始以 VB 用于 PLC 的监控,执行中可看到 Text1.Text 会不断地变化,即半双工的循环检测状态,如图 22.2 所示。

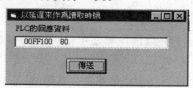

图 22.2 VB 的监控对话框

22.1.2 全双工(I)时

采用全双工(I)时循环检测的特性说明如下。

优点:响应时间较半双工短。

缺点:

- 全双工的配线方式的成本较半双工高。
- 同时发送及接收的通信方式,可能产生通信电位的干涉现象。例如,当 PLC 传送的数据量大于接收的数据量时;或者 PLC 传送的数据量有差异时,可能产生通信电位的干涉现象,如图 22.3 所示。

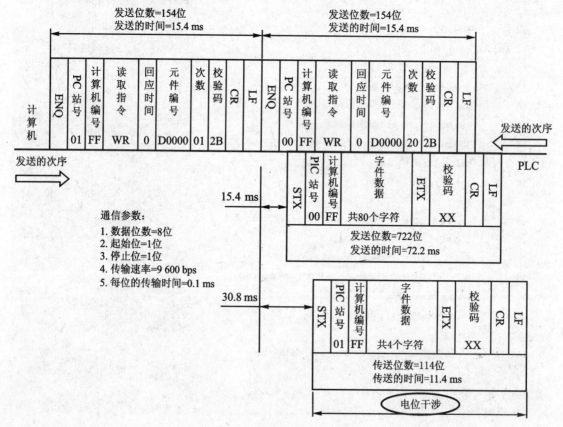

图 22.3 通信电位的干涉现象

图22.4中,因00号PLC传送的时间(长达72.2 ms)过长,而01号PLC接收到要求通信的信息后,会于30.8 ms后传送,但此时00号PLC尚未完成传送的动作,因此会产生通信电位的干涉现象;且即使00及01号的PLC传送时间相等,均为72.2 ms,因PC每间隔15.4 s会传送要求通信的信息,所以还是会发生通信电位的干涉现象。

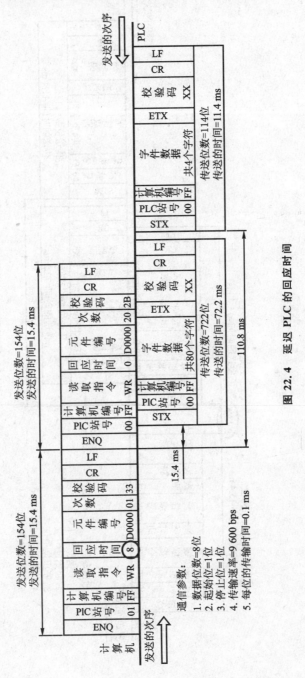

图22.4 延迟PLC的回应时间

要避免通信电位的干涉现象,可使用两种方法:第1种为延迟01号PLC传送的开始时间,即 17.3 节中的延迟时间(I)的应用,如图 22.4 所示,可以设置 01 号 PLC 回应的时间须延迟 80 ms;第 2 种为延迟 PC 对 2 号 PLC 要求通信的传送起始时间,如图 22.5 所示,可以延迟 80 ms。

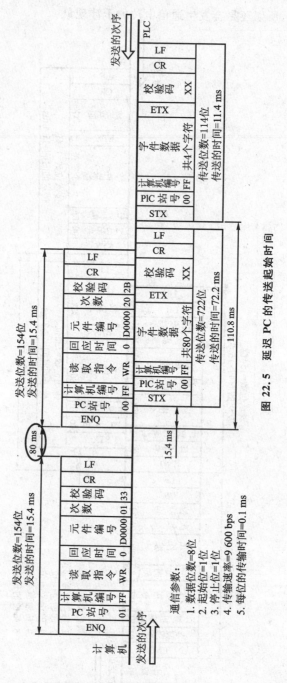

图 22.5 延迟 PC 的传送起始时间

监控系统中,为使程序简单,均采用延迟 PLC 回应时间以避免发生通信电位的干涉现象,而此延迟回应时间是依照 PLC 的最大数据传送时间来设置的。

本项中的电位干涉现象并不会影响通信中的数据,因为 FX 系列 PLC 要传送通信时,先检测传送线路是否有载波,若有载波则不会传送通信,但若在同一条通信线路中设置了其他设备,则可能有电位的干涉现象。

当 PLC 要传送数据且又检测到传送线路已有载波时,PLC 会忽略此次数据的传送,所以计算机端接收的数据并非各 PLC 依序传输的数据,要避免此现象,则必须设置 PLC 回应的延迟时间;在循环检测中,若不设置 PLC 回应的延迟时间,也只会造成计算机对各台 PLC 的数据接收次数略有不同。监控系统中,对各台 PLC 的监控次数并不要求一定相同,所以一般不作 PLC 回应延迟时间的设置。

程序设计的特点:
- 依 PLC 读取的站数分别设置 Timer,并于 Timer_Timer 的事件中,分别编写 PC 传送的通信程序。
- 若每个 Timer_Timer 的事件读取不同的 PLC 元件,则会使得程序的设计较为困难,所以大都会在 PLC 的程序内进行改进,使得各个不同的 PLC 元件都能改为单一 D 元件及批次化,如当 PC 要读取 Y0~Y15、TN1、D1 及 D3 时,因 Y0~Y15 为位元件,所以 PLC 程序可作单一 D 元件化的改进,如下列 PLC 程序:

```
LD    M8000
MOV   K4Y0000 D100
```

因 D100 为 word 的数据,故 PC 端接收此次数据后,可利用 hex_bit 程序解码为位。因 TN 不为 D 元件且 D1 及 D3 不为批次化,所以 PLC 程序可做单一 D 元件及批次化的改进,如下列的 PLC 程序:

```
LD    M8000
MOV   T1 D101
MOV   D1 D102
MOV   D3 D103
```

通过上述单一 D 元件及批次化的改进后,PC 仅须读取 D100~D103 的数据即可对应各种不同的元件。

- 设置专门用于 PC 接收通信的 Timer,并在 Timer_Timer 的事件中,编写 PC 接收的通信程序。

当计算机欲读取 3 台 PLC 的 D99~D102 的状态,且以全双工(I)的配线方式时,其过程如下所述。

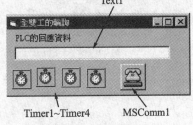

图 22.6　VB 的对话框

1. VB 的设计对话框

VB 的设计对话框,如图 22.6 所示,程序如下所示。

```
1   Private Sub Form_Load()
2       MSComm1.CommPort = 1
3       MSComm1.Settings = "9600,n,7,1"
4   Timer1.Interval = 1
5   Timer2.Interval = 1
```

```
6     Timer3.Interval = 1
7     Timer4.Interval = 1
8     Timer1.Enabled = False
9     Timer2.Enabled = False
10    Timer3.Enabled = False
11    Timer4.Enabled = False
12    MSComm1.PortOpen = True
13    Timer1.Enabled = True
14    Timer4.Enabled = True
15  End Sub
16  Private Sub Timer1_Timer()
17    MSComm1.Output = Chr(5) + "00FFWR3D00990442" + _
18          Chr(13) + Chr(10)
19    Timer2.Enabled = True
20    Timer1.Enabled = False
21  End Sub
22  Private Sub Timer2_Timer()
23    MSComm1.Output = Chr(5) + "01FFWR3D00990443" + _
24          Chr(13) + Chr(10)
25    Timer3.Enabled = True
26    Timer2.Enabled = False
27  End Sub
28  Private Sub Timer3_Timer()
29    MSComm1.Output = Chr(5) + "02FFWR3D00990444" + _
30          Chr(13) + Chr(10)
31    Timer1.Enabled = True
32    Timer3.Enabled = False
33  End Sub
34  Private Sub Timer4_Timer()
35    Dim delay_time As Double
36    Dim delay_start As Double
37    Dim in_buffer As String
38    delay_time = 0.5
39    delay_start = Timer
40    Do
41          in_buffer = in_buffer + MSComm1.Input
42    Loop Until InStr(in_buffer, vbCrLf) Or _
43          Timer > delay_start + delay_time
44    Text1.Text = in_buffer
45  End Sub
```

【注释】

① Timer1～Timer3 分别用于 PC 传送给各台 PLC 的通信。

② Timer4 用于 PC 接收通信。

③ 在每次 PC 发送的通信数据中,如第 17 行的"00FFWR3D00990450"中的"3",其用于告知 PLC 的延迟回应的时间为 30 ms。

2. VB 监控

上述完成后即可以开始以 VB 用于 PLC 的监控,执行中可看到 Text1.Text 会不断地变化,即全双工(Ⅰ)的循环检测状态,如图 22.7 所示。

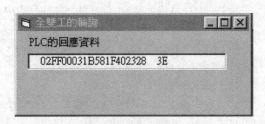

图 22.7 VB 的监控对话框

22.1.3 全双工(Ⅱ)

采用全双工(Ⅱ)与全双工(Ⅰ)的差异点是接收的方法有所不同。全双工(Ⅰ)接收通信的程序以 Timer_Timer 事件驱动,全双工(Ⅱ)接收通信的程序以 MSComm_OnComm 事件驱动。

全双工(Ⅱ)中,因 MSComm 的 Rthreshold 及 InputLen 属性是一个定数,故 PLC 的程序中,也必须有单一 D 元件及批次化的改进,且监控各台 PLC 的元件数必须相同,例如,当要读取 0 号 PLC 的 D100～D102 及 1 号 PLC 的 D99～D102 时,则计算机 0 号 PLC 的发送程序中,必须以读取 D99～D102 或 D100～D103 来作设计。

当计算机欲读取 3 台 PLC 的 D99～D102 的状态,且以全双工(Ⅱ)的配线方式时,其过程为:

1. VB 的设计对话框

如图 22.6 所示,但 Timer4 可不用。

2. 本实例的程序

如下所示。

```
1    Private Sub Form_Load()
2        MSComm1.CommPort = 1
3        MSComm1.Settings = "9600,n,7,1"
4        MSComm1.RThreshold = 24
5        MSComm1.InputLen = 24
6        Timer1.Interval = 10
7        Timer2.Interval = 10
8        Timer3.Interval = 10
9        Timer1.Enabled = False
10       Timer2.Enabled = False
11       Timer3.Enabled = False
12       MSComm1.PortOpen = True
13       Timer1.Enabled = True
14   End Sub
```

```
15    Private Sub Timer1_Timer()
16        MSComm1.Output = Chr(5) + "00FFWR0D0099043F"
17        Timer2.Enabled = True
18        Timer1.Enabled = False
19    End Sub
20    Private Sub Timer2_Timer()
21        MSComm1.Output = Chr(5) + "01FFWR0D00990440"
22        Timer3.Enabled = True
23        Timer2.Enabled = False
24    End Sub
25    Private Sub Timer3_Timer()
26        MSComm1.Output = Chr(5) + "02FFWR0D00990441"
27        Timer1.Enabled = True
28        Timer3.Enabled = False
29    End Sub
30    Private Sub MSComm1_OnComm()
31        If MSComm1.CommEvent = comEvReceive Then
32            Text1.Text = MSComm1.Input
33        End If
34    End Sub
```

【注释】

① 第 4 及 5 行中，MSComm 的 Rthreshold 及 InputLen 属性依每次 PLC 传送的字符数来设置。

② 第 6 行中，每个 Timer 利用 Timer 事件用于传送通信，但若其计时时间为 1，则计算机会持续传送要求通信的信息，此时 PLC 发送前会检测到载波，从而忽略此次数据的发送，但是计算机无法持续接收到最新的 PLC 数据，所以必须调整 Timer 的计时时间。Timer 计时时间的设置方法是将设置值向上调整后，再于执行对话框中检查计算机的接收数据是否持续改变；若没有，则再向上调整并检查。

③ 第 30～34 行用于接收数据。

3. VB 监控

上述完成后即可以开始以 VB 用于 PLC 的监控，执行中可看到 Text1.Text 会不断地变化，即全双工(II)的循环检测状态。

4. 结果

持续执行一断时间后，可发现计算机的接收数据会变为不正确，如图 22.8 所示，这是因为通信中执行了其他程序，所以必须确认计算机的接收数据，下一节将详细说明此确认方法。

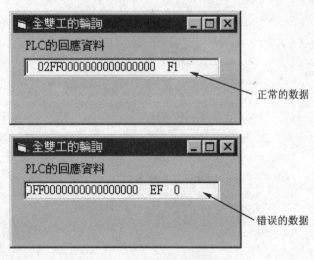

图 22.8 错误的接收数据

22.2　接收数据的确认

22.2.1　半双工时

在 22.1 节的循环检测实例中,若发生通信被干扰的现象,则其通信的数据必为错误,所以每次 PC 接收到 PLC 所传送的元件数据后须判定其正确性,这里是用第 20 章中的 stx_chk 程序来确认的。在此实例中,Timer1_Timer 事件中有 2 次通信,故需要有 2 次的读取时机,但太多的通信数目使得读取时机的次数增加,从而造成程序冗长,所以常以副程序的方式取代读取时机所用程序。

第 20 章中半双工的循环检测实例中,以副程序建立单一的读取时机及接收数据的确认方法如下所述。

1. 新建模块

新建模块,并建立 stx_chk 程序。

2. 程　序

将原程序改写如下：

```
1   Private Sub Form_Load()
2       MSComm1.CommPort = 1
3       MSComm1.Settings = "9600,n,7,1"
4       MSComm1.PortOpen = True
5       Timer1.Interval = 1
6       Timer1.Enabled = True
7   End Sub
8   Private Sub Timer1_Timer()
9       Dim in_buffer As String
10      MSComm1.Output = Chr(5) + "00FFBR0X0000032B"
11      Call stx_receive(in_buffer)
12      Text1.Text = in_buffer
13      MSComm1.Output = Chr(5) + "00FFBR0Y0000032C"
14      Call stx_receive(in_buffer)
15      Text1.Text = in_buffer
16  End Sub
17  Public Sub stx_receive(in_buffer)
18      Dim delay_time As Double
19      Dim delay_start As Double
20      Dim delay_chk As Double
21      delay_time = 0.1
22      delay_start = Timer
23      Do
24          delay_chk = delay_start + delay_time
```

```
25    Loop Until Timer > delay_chk
26    in_buffer = MSComm1.Input
27    If stx_chk(in_buffer) = 0 Then in_buffer = "ng"
28  End Sub
```

【注释】

① 第 8~16 行中,取消原本用于读取时机的程序及其变量。

② 第 17~28 行中,建立 stx_receive 的副程序,并写入用于读取时机的程序。

③ 第 27 行中,将 PC 接收到的数据用 stx_chk 程序确认,若 stx_chk 为 0,则表示通信错误并将接收的数据改为 ng。

22.2.2　全双工(Ⅰ)时

在 22.1 节的全双工(Ⅰ)的循环检测实例中,同样要有用于确认接收数据的程序,其确认方法如下:

1. 新建模块

新建模块,并建立 stx_chk 程序。

2. 程　序

将原程序中的 Timer_Timer 事件内的程序改写如下:

```
1   Private Sub Timer4_Timer()
2     Dim delay_time As Double
3     Dim delay_start As Double
4     Dim in_buffer As String
5     delay_time = 0.5
6     delay_start = Timer
7     Do
8         in_buffer = in_buffer + MSComm1.Input
9     Loop Until InStr(in_buffer, vbCrLf) Or _
10        Timer > delay_start + delay_time
11    If stx_chk(in_buffer) = 0 Then in_buffer = "ng"
12    Text1.Text = in_buffer
13  End Sub
```

【注释】

第 11 行中,将 PC 接收到的数据用 stx_chk 程序确认,若 stx_chk 为 0,则表示通信错误并将接收的数据改为 ng。

22.2.3　全双工(Ⅱ)时

在 22.1 节的全双工(Ⅱ)的循环检测实例中,同样要有用于确认接收数据的程序,其确认方法如下:

1. 新建模块

新建模块,并建立 stx_chk 程序。

2. 程　序

将原程序中的 MSComm_OnComm 事件内的程序改写如下：

```
1  Private Sub MSComm1_OnComm()
2    If MSComm1.CommEvent = comEvReceive Then
3      Dim in_buffer As String
4      in_buffer = MSComm1.Input
5      If stx_chk(in_buffer) = 0 Then in_buffer = "ng"
6      Text1.Text = in_buffer
7    End If
8  End Sub
```

22.3　通信次数的确认

循环检测中，若通信中持续发生通信的异常现象（如通信线的断线或干扰），或者 PLC 于监控中关机，此时所有的监控数据都是不正确的，所以监控中常以 Times Out 用于判定通信异常。

Times Out 表示计算机 1 min 内能于 PLC 进行正确通信的次数，若监控中发生 Times Out 的现象，则以警示对话框或者警示灯号警告。半双工及全双工的 Times Out 使用方法相同，即判定接收的数据正确时，则通信次数计 1，而 1 min 后若通信次数不足，则表示 Times Out 发生。Times Out 以警示对话框或者以警示灯号警告的方式，如下列说明。

22.3.1　警示对话框

发生 Times Out 时以警示框警告的方法将以 22.2.1 小节中的实例来说明，且增加 Timer 控件，此控件名称为 times_out_timer，而原程序改写如下：

```
1  Dim comu_times As Byte
2  Private Sub Form_Load()
3    MSComm1.CommPort = 1
4    MSComm1.Settings = "9600,n,7,1"
5    MSComm1.PortOpen = True
6    Timer1.Interval = 1
7    Timer1.Enabled = True
8    times_out_timer.Interval = 60000
9    times_out_timer = True
10 End Sub
11 Private Sub Timer1_Timer()
12   Dim in_buffer As String
13   MSComm1.Output = Chr(5) + "00FFBR0X0000032B"
14   Call stx_receive(in_buffer)
15   Text1.Text = in_buffer
```

```
16    MSComm1.Output = Chr(5) + "00FFBR0Y0000032C"
17    Call stx_receive(in_buffer)
18    Text1.Text = in_buffer
19  End Sub
20  Public Sub stx_receive(in_buffer)
21    Dim delay_time As Double
22    Dim delay_start As Double
23    Dim delay_chk As Double
24    delay_time = 0.1
25    delay_start = Timer
26    Do
27        delay_chk = delay_start + delay_time
28    Loop Until Timer > delay_chk
30    If stx_chk(in_buffer) = 0 Then
31        in_buffer = "ng"
29    in_buffer = MSComm1.Input
32    Else
33        comu_times = comu_times + 1
34    End If
35  End Sub
36  Private Sub times_out_timer_Timer()
37    If comu_times< 60 Then
38        MsgBox "Times Out 发生",16,"通信异常"
39    End If
40    comu_times = 0
41  End Sub
```

【注释】

① 第 1 行中,设置 comu_times 为共用变量。

② 第 6～9 行中,设置 Times Out 的检测时间。

③ 第 33 行中,若循环检测中接收到正确的 PLC 回应,则 comu_times 累加 1。

④ 第 36～41 行中,若 1 min 内 comu_times 的值小于或等于 60,则以警示框警告。

⑤ 第 40 行中,每次 Times Out 完成后,将 comu_times 变为 0 用于下次的 Times Out。

22.3.2 警示灯号

计算机的串行口引脚中除了 RXD 及 TXD 可用于串行通信外,其他引脚可作为电气信号的输入或输出,如图 22.9 所示。

图 22.9 中,若要将 DTR 或 RTS 引脚提升为高电位使得发光二极体或继电器动作时,可将 MSComm 的 DTREnable 或 RTSEnable 属性设置为 True,若复归此两个引脚的电压,可将其属性设置为 False。图 22.9 中,当按钮开关动作时,可利用 MSComm 的 OnComm 读取,例如下列程序:

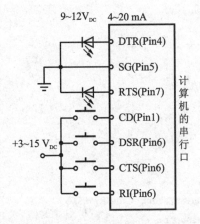

图 22.9 计算机串行口的引脚应用

```
1   Private Sub MSComm1_OnComm()
2       Select Case MSComm1.CommEvent
3           Case comEvCD              ;CD 线的状态发生变化
4           Case comEvCTS             ;CTS 线的状态发生变化
5           Case comEvDSR             ;DSR 线的状态发生变化
6           Case comEvRing            ;Ring Indicator 变化
7       End Select
8   End Sub
```

监控系统中 Times Out 发生时,可以利用串行口的 DTR 引脚作为警示灯的输出;同样也可以利用串行口的 CD 引脚作为警示灯的复位输入,这里以上一个实例详细说明,则原程序改写如下:

```
1   Dim comu_times As Byte
2   Private Sub Form_Load()
3       MSComm1.DTREnable = False
4       MSComm1.CommPort = 1
5       MSComm1.Settings = "9600,n,7,1"
6       MSComm1.PortOpen = True
7       Timer1.Interval = 1
8       Timer1.Enabled = True
9       times_out_timer.Interval = 60000
10      times_out_timer = True
11  End Sub
12  Private Sub Timer1_Timer()
13      Dim in_buffer As String
14      MSComm1.Output = Chr(5) + "00FFBR0X0000032B"
15      Call stx_receive(in_buffer)
16      Text1.Text = in_buffer
17      MSComm1.Output = Chr(5) + "00FFBR0Y0000032C"
```

```
18    Call stx_receive(in_buffer)
19    Text1.Text = in_buffer
20  End Sub
21  Public Sub stx_receive(in_buffer)
22    Dim delay_time As Double
23    Dim delay_start As Double
24    Dim delay_chk As Double
25    delay_time = 0.1
26    delay_start = Timer
27    Do
28          delay_chk = delay_start + delay_time
29    Loop Until Timer > delay_chk
30    in_buffer = MSComm1.Input
31    If stx_chk(in_buffer) = 0 Then
32          in_buffer = "ng"
33    Else
34          comu_times = 1 + comu_times
35    End
36  End Sub
37  Private Sub times_out_timer_Timer()
38    If comu_times < 60 Then
39          MSComm1.DTREnable = True
40          MsgBox "Times Out 发生",16,"通信异常"
41    End If
42    comu_times = 0
43  End Sub
44  Private Sub MSComm1_OnComm()
45    If MSComm1.CDHolding Then MSComm1.DTREnable = False
46  End Sub
```

【注释】

① 第3行中,处于监控初始期,将DTR引脚复位。

② 第39行中,发生Times Out时,会将DTR引脚提升为高电位。

第 23 章

控制系统

监控系统中,控制的种类分为两种,第一种为程序内的控制,由 VB 的程序管理,可分为 3 种形式,分别为:

① 监控初始时的控制动作　开始监控时,若要启动 PLC 的监控指示灯或写入一些参数,一般都将程序写于监控主画面的 Form_Load 中。

② PC - BASE 的控制　可将 PLC 视为单纯的 I/O 控制器,其内部仅设置通信参数而不需要编写任何控制的程序,此时可以利用 PC 作为读/写 PLC 的主控制器,此种控制即为利用 PC 读取 PLC 的元件后,再经过 PC 内的程序运算后再写入 PLC 的动作。例如当 PC 检测到 1 号 PLC 的 Y0 是 ON 时,则可通过程序自动启动所有 PLC 的 Y0。

一般 PLC 比较适合恶劣的环境,且监控中 PC 大都通过远端监控 PLC,当 PC 于远端及无示警时启动 PLC 控制的危险电气元件时(如风扇、气油压缸),可能危害到操作人员的安全,所以在监控系统中,应以监控为主,以控制为辅。

③ 监控停止时的控制动作　停止监控时,若要关闭 PLC 的监控指示灯或写入一些参数,常将其程序写于监控主对话框的 Form_Uload 中。

第二种为外部控制,此类控制由监控人员管理,当监控人员要控制 PLC 时,可单击"控件"按钮,弹出写入 PLC 元件的对话框,键入要控制的数据后单击"确认"按钮,再利用程序写入 PLC 元件。此类控制可分为 2 种形式,如以下说明:

① 写入位元件的对话框　因位元件仅有 ON 或 OFF 的选择,所以可利用 VB 的选择控制项作为对话框设计的基础。

② 写入 word 元件的对话框　因 word 元件的数据为数值类型,所以需要有限制输入正整数的功能;且因 PLC 的 word 元件数据有数值大小的限制,且为防止输入不合适的数值,又需要有限制数值输入范围的功能。

23.1　监控初始的通信确认

23.1.1　写入指令的应用

监控系统是由循环检测及控制组合而成的系统,但若一开始监控即发生 PC 与 PLC 无法建立通信的状况,则其后执行的循环检测及控制都是毫无意义的,所以监控初始的通信确认是非常重要的。

而本书不在一开始就说明监控初始的通信确认,是因为当有监控初始的写入时,必须确认PLC是否有回应"已收到"的通信数据,所以这样也可以作为监控初始的通信确认,此种确认的方法可利用22.1节中的半双工循环检测实例说明,其说明如下所示。

1. 程　序

监控初始时须启动PLC的Y0作为监控的指示灯,其程序可改写原实例中Form_Load内的程序,如下所示:

```
1    Private Sub Form_Load()
2      Dim ack_data As String * 2
3      MSComm1.CommPort = 1
4      MSComm1.Settings = "9600,n,7,1"
5      MSComm1.PortOpen = True
6      MSComm1.Output = Chr(5) + "00FFBW0Y000001160"
7      Call ack_chk(ack_data)
8      If Not (ack_data = "ok") Then
9        MsgBox "重新检查通信线路后,再执行监控" +
10       "系统",16,"通信异常"
11       End
12     End If
13     Timer1.Interval = 1
14     Timer1.Enabled = True
15   End Sub
```

【注释】

① 第6行中,PC发送一个写入PLC元件的通信,此通信表示启动0号的PLC的Y0。当采用形式4的通信格式时,应增加CR、LF控制码。

② 第7行中,PC发送写入的通信后,PLC会回传一次通信,且此次通信的第1个字符若为ACK控制码(ASCII码的6号字符)即表示通信正确,所以可以编写ack_chk的副程序用于通信的确认。

③ 第8~12行中,若通信异常,则会先出现警示对话框,当监控人员确认此警示对话框后,监控系统会关闭。

2. ack_chk 的副程序

新建ack_chk的副程序如下所述。

```
1    Public Sub ack_chk(ack_data)
2      Dim in_buffer As String
3      Dim delay_time As Double
4      Dim delay_start As Double
5      Dim delay_chk As Double
6      delay_time = 0.1
7      delay_start = Timer
```

```
8    Do
9       delay_chk = delay_start + delay_time
10   Loop Until Timer > delay_chk
11   in_buffer = MSComm1.Input
12   If Left(in_buffer, 1) = Chr(6) Then ack_data = "ok"
13 End Sub
```

【注释】

① 第 6～10 行为用于读取时机的程序。当采用形式 4 的通信格式时,亦可采用检测式作为读取时机。

② 第 12 行中,若 PLC 回应的数据中,第 1 个字符为 ACK 控制码(ASCII 码的 6 号字符)即表示正确。

23.1.2　TT 指令的应用

监控初始时若无 PLC 元件要写入的动作,则可利用 TT 指令作为监控初始的通信确认,此种确认的方法可以利用 22.1 节中的半双工循环检测实例说明,其说明如下所示。

1. 确认通信状况

监控初始时须以 TT 指令确认 PC 与 PLC 的通信状况时,其程序可改写原实例中 Form_Load 内的程序,如下所示:

```
1  Private Sub Form_Load()
2    Dim tt_data As String * 2
3    MSComm1.CommPort = 1
4    MSComm1.Settings = "9600,n,7,1"
5    MSComm1.PortOpen = True
6    MSComm1.Output = Chr(5) + "00FFTT007ABCDEFG07"
7    Call tt_chk(tt_data)
8    If Not (tt_data = "ok") Then
9       MsgBox "请重新检查通信线路后,再执行监控" +
10         _"系统", 16, "通信异常"
11      End
12   End If
13   Timer1.Interval = 1
14   Timer1.Enabled = True
15 End Sub
```

【注释】

① 第 6 行中,PC 传送 TT 指令来要求 PLC 回应相同数据,即 PC 传送"ABCDEFG"这 7 个字符后,PLC 须回应相同的字符;若不相同,即表示通信有异常。当采用形式 4 的通信格式时,应增加 CR 及 LF 控制码。

② 第 7 行为调用 tt_chk 的副程序,用于判定通信是否正确。

③ 第 8～12 行中,若通信异常,则会先出现警示对话框,当监控人员确认此警示对话框

后，监控系统会关闭。

2. 新建 tt_chk 的副程序

该程序如下所示。

```
1   Public Sub tt_chk(tt_data)
2       Dim in_buffer As String
3       Dim delay_time As Double
4       Dim delay_start As Double
5       Dim delay_chk As Double
6       delay_time = 0.1
7       delay_start = Timer
8       Do
9         delay_chk = delay_start + delay_time
10      Loop Until Timer > delay_chk
11      in_buffer = MSComm1.Input
12      If Mid(in_buffer, 8, 7) = "ABCDEFG" Then tt_data = "ok"
13  End Sub
```

【注释】

① 第 6～10 行为用于读取时机的程序。当采用形式 4 的通信格式时，亦可采用检测式作为读取时机。

② 第 12 行中，若 PLC 回应相同的数据，即表示通信正常。

当监控中采用 PC-BASE 的控制时，其 VB 内的程序与 PLC 的动作原理一样，将各个判定动作的条件写入 Timer_Timer 内，这样 VB 与 PLC 一样作扫描程序，条件成立时，再执行用于写入动作的副程序。

本书后面将介绍外部控制的方法，虽采用单一对话框但可多种元件来共同写入，所以具有规则性及共用性。

23.2 写入位元件的对话框

在第 22.1 节中所建立的 VB 专案中，新建一个对话框且命名为 write_bit，如图 23.1 所示，其程序如下所示。

```
1   Private Sub Form_Load()
2       MSComm1.CommPort = main_form.MSComm1.CommPort
3       MSComm1.Settings = main_form.MSComm1.Settings
4       Option2.Value = True
5   End Sub
6   Private Sub Command1_Click()
7       Dim send_d As String
8       Dim ack_data As String * 2
9       Dim msg_data As String
```

```
10      main_form.Timer1.Enabled = False
11      main_form.MSComm1.PortOpen = False
12      MSComm1.PortOpen = True
13      If Option1.Value = True Then
14         send_d = Label2.Caption + "FFBW0" + Label4.Caption + "011"
15      End If
16      If Option2.Value = True Then
17         send_d = Label2.Caption + "FFBW0" + Label4.Caption + "010"
18      End If
19      MSComm1.Output = Chr(5) + send_d + chksum(send_d)
20      Call ack_chk(ack_data)
21      If Not (ack_data = "ok") Then
22         msg_data = "不确定是否已写入" + Label2.Caption + _
23             "号PLC的" + Label4.Caption
24         MsgBox msg_data,16,"通信异常"
25      End If
26      MSComm1.PortOpen = False
27      main_form.MSComm1.PortOpen = True
28      main_form.Timer1.Enabled = True
29      Unload write_bit
30   End Sub
31   Private Sub Command2_Click()
32      Unload write_bit
33   End Sub
34   Public Sub ack_chk(ack_data)
35      Dim in_buffer As String
36      Dim delay_time As Double
37      Dim delay_start As Double
38      Dim delay_chk As Double
39      delay_time = 0.1
40      delay_start = Timer
41      Do
42         delay_chk = delay_start + delay_time
43      Loop Until Timer > delay_chk
44      in_buffer = MSComm1.Input
45      If Left(in_buffer,1) = Chr(6) Then ack_data = "ok"
46   End Sub
```

【注释】

① 第2行为设置与主对话框相同的通信参数。

② 第4行为选择 write_bit 对话框初始值为 Option2。

③ 第10~11行为要写入元件前,先关闭主对话框的循环检测及其通信元件。

④ 第12行为启动 write_bit 对话框的通信元件。

⑤ 第13～18行为依使用者选择的 Option 控制项作值的写入。
⑥ 第14及17行为依 Label2 及 Label4 的 Caption 值作为写入的 PLC 站号及元件。
⑦ 第19行为传送写入的通信。
⑧ 第20行为确认 PLC 回应数据是否正确。
⑨ 第21行为当 PLC 回应的数据不正确时,以警示对话框提醒操作者完成确认的动作。
⑩ 第26行为关闭 write_bit 对话框的通信元件。
⑪ 第27～28行为启动主对话框的循环检测及其通信元件。
⑫ 第29行为关闭 write_bit 对话框。
⑬ 第34～46行为确认 PLC 回应用的副程序。

当 write_bit 对话框已建立于 22.1 节所建立的 VB 专案后,在其主对话框中增设 3 个 Command 控制项用于触发 write_bit 对话框,且此 3 个控制项为阵列式,其设计阶段的属性内容如下:

- Command1(0) Caption 属性为 Y0,其 Index 属性为 0。
- Command1(1) Caption 属性为 Y1,其 Index 属性为 1。
- Command1(2) Caption 属性为 Y2,其 Index 属性为 2。

阵列的控制项用于触发 write_bit 对话框是因为无论单击任何控制项都会触发相同的 Command1_Click 事件,并且会以 Index 变量来表示是由阵列中哪个控制项所触发的,所以可利用其特性来使得 write_bit 对话框能用于各种位元件的写入。同样,在主对话框中增设 Shape 控件,利用 Shape 控件的 FillColor 属性的变化,以颜色来表示 Y0～Y2 元件的状态,而 Y0～Y2 用于显示的 Shape 控件也是阵列式,因其可利用 Do…Loop 语句来减少显示 Y0～Y2 所需要的程序,而于设计阶段中,各阵列的 Shape 属性为 FillColor 属性为白色;FillStyle 属性为实心,如图 23.2 所示。

图 23.2 中,须改变的程序如下所示。

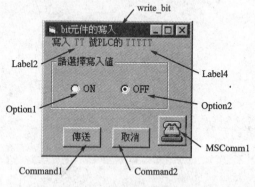

图 23.1 write_bit 对话框

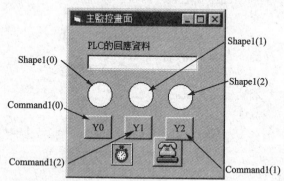

图 23.2 主对话框所增设的控件

```
1    Private Sub Timer1_Timer()
2        Dim in_buffer As String
3        Dim i As Byte, j As Byte
4        Dim y_data As String * 1
5        MSComm1.Output = Chr(5) + "00FFBR0Y0000032C"
6        Call stx_receive(in_buffer)
```

```
7      Text1.Text = in_buffer
8      If Not (in_buffer = "ng") Then
9        j = 6
10       For i = 0 To 2
11         y_data = Mid(in_buffer, j, 1)
12         If y_data = "1" Then
13           Shape1(i).FillColor = QBColor(4)
14         Else
15           Shape1(i).FillColor = QBColor(15)
16         End If
17         j = j + 1
18       Next i
19     End If
20   End Sub
21   Private Sub Command1_Click(Index As Integer)
22     Dim write_name(2) As String * 8
23     write_name(0) = "00_Y0000"
24     write_name(1) = "00_Y0001"
25     write_name(2) = "00_Y0002"
26     Load write_bit
27     write_bit.Label2.Caption = Left(write_name(Index), 2)
28     write_bit.Label4.Caption = Right(write_name(Index), 5)
29     write_bit.Show 1
30   End Sub
```

【注释】

① 第1~20行为用于循环检测的程序。

② 第8行为当循环检测时,若PLC所回应的数据有错误,即不执行第9~18行的显示元件状态的动作。在Windows系统中,因其可支持多工,所以在Windws中的执行程序可能不仅只有监控系统,若有其他程序执行,Windows会短暂的中断监控系统而造成监控系统发生通信的错误,故为了避免读取到错误的PLC元件值,必须确认PLC的回应数据,正确时才作监控对话框的改变。

③ 第9~18行为显示元件状态的程序,利用For…Next语句分别改变各阵列控件的属性,当阵列数增加时,也仅须变更i的值并不需要增加程序。

④ 第21~30行为单击"写入"按钮时所执行的程序。

⑤ 第22~25行中,设置一个3行阵列的变量,而各阵列变量的值须依AA_BBBBB(AA为PLC站号;BBBBB为位元件)来设置。

⑥ 第26行为载入write_bit对话框,但不会显示。

⑦ 第27~28行为载入write_bit对话框后,将预写入的PLC站号及位元件编号分别写入Label2及Label4的Caption属性内。

⑧ 第29行为显示write_bit对话框,而其中的"1"表示write_bit显示后,使用者不能触发主对话框的任何控件,防止使用者再次触发write_bit对话框。

上述都完成后，先在 VB 的"专案"功能表中设置主对话框为启动的控件，然后即可执行此专案。专案在执行中，使用者可单击各 Command 控件后出现 write_bit 对话框，此时使用者可根据需要来启动或关闭 PLC 的位元件，写入完成后也可于主对话框中看到元件已改写，如图 23.3 所示。

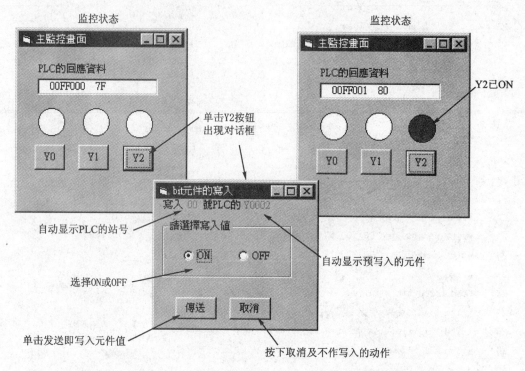

图 23.3　执行的各项对话框

23.3　写入 word 元件的对话框

利用 23.2 节的 VB 专案，新增一个对话框且命名为 write_word，如图 23.4 所示。

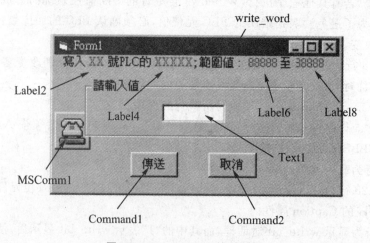

图 23.4　write_wrode 的对话框

图 23.4 的程序如下所示。

```
1   Private Sub Form_Load()
2       MSComm1.CommPort = main_form.MSComm1.CommPort
3       MSComm1.Settings = main_form.MSComm1.Settings
4   End Sub
5   Private Sub Text1_KeyPress(KeyAscii As Integer)
6       If KeyAscii < 48 Or KeyAscii > 57 Then KeyAscii = 0
7   End Sub
8   Private Sub Command1_Click()
9       Dim send_d As String
10      Dim ack_data As String * 2
11      Dim msg_data As String
12      Dim min_value As Long
13      Dim max_value As Long
14      Dim set_value As Long
15      min_value = Label6.Caption
16      max_value = Label8.Caption
17      If Text1.Text = "" Then
18          MsgBox "请输入值", 16, "错误"
19      Else
20          set_value = Text1.Text
21          If set_value < min_value Or set_value > max_value Then
22              msg_data = "请输入" + Label6.Caption + "至" + _
23                  Label8.Caption + "的值"
24              MsgBox msg_data, 16, "错误"
25              Text1.SetFocus
26              SendKeys "{Home} + {End}"
27          Else
28              send_d = Label2.Caption + "FFWW0" + Label4.Caption + _
29                  "01" + doc_hex(Text1.Text)
30              main_form.Timer1.Enabled = False
31              main_form.MSComm1.PortOpen = False
32              MSComm1.PortOpen = True
33              MSComm1.Output = Chr(5) + send_d + chksum(send_d)
34              Call ack_chk(ack_data)
35              If Not (ack_data = "ok") Then
36                  msg_data = "不确定是否已写入" + Label2.Caption + _
37                      "号 PLC 的" + Label4.Caption
38                  MsgBox msg_data, 16, "通信异常"
39              End If
40              MSComm1.PortOpen = False
41              main_form.MSComm1.PortOpen = True
```

```
42          main_form.Timer1.Enabled = True
43          Unload write_word
44        End If
45     End If
46  End Sub
47  Private Sub Command2_Click()
48     Unload write_word
49  End Sub
50  Public Sub ack_chk(ack_data)
51    Dim in_buffer As String
52    Dim delay_time As Double
53    Dim delay_start As Double
54    Dim delay_chk As Double
55    delay_time = 0.1
56    delay_start = Timer
57    Do
58       delay_chk = delay_start + delay_time
59    Loop Until Timer > delay_chk
60    in_buffer = MSComm1.Input
61    If Left(in_buffer, 1) = Chr(6) Then ack_data = "ok"
62  End Sub
```

【注释】

① 第2~3行为设置与主对话框相同的通信参数。

② 第5~7行为限制 Text1.Text 仅能输入正整数的数目。

③ 第9~14行为变量的设置。

④ 第15行中，min_value 为根据 Label6.Caption 来取得下限值。

⑤ 第16行中，max_value 为根据 Label8.Caption 来取得上限值。

⑥ 第17~19行中，若未输入数值且单击"传送"铵钮时，则显示警示对话框，且此为判定能否写入元件的第1个条件。

⑦ 第20~27行中，若输入的数值不在规定的范围内，则显示警示对话框，并且当使用者确认警示对话框后，会停于 Text1 的输入框内，并将原输入的数值框选以提示使用者。此为能否写入元件的第2个条件。

⑧ 第28~33行为当上述⑥、⑦的条件都成立时，即关闭主对话框的循环检测并发送写入 PLC 元件的通信。

⑨ 第34~39行为确认 PLC 是否有正确的回应数据，若没有，则以警示对话框提醒操作者完成确认。

⑩ 第40~43行为关闭 write_word 对话框的通信元件并启动主对话框的循环检测及通信元件，再关闭 write_word 对话框。

⑪ 第50~62行为用于确认 PLC 回应的副程序。

在主对话框中增设 3 个 Command 控制项用以触发 write_word 对话框，且此 3 个控制项

为阵列式,其设计阶段的属性内容如下:
- Command2(0)   Caption 属性为 D100,其 Index 属性为 0。
- Command2(1)   Caption 属性为 D101,其 Index 属性为 1。
- Command2(2)   Caption 属性为 D102,其 Index 属性为 2。

同样,在主对话框中增设 3 个 Text 控件用以显示 D100102 的值,且此 3 个控制项为阵列式,如图 23.5 所示,其设计阶段的属性内容如下:
- Text2(0)   Text 属性为空字串,其 Index 属性为 0。
- Text2(1)   Text 属性为空字串,其 Index 属性为 1。
- Text2(2)   Text 属性为空字串,其 Index 属性为 2。

图 23.5 中,须改变的程序如下所示。

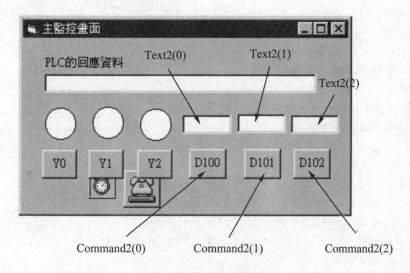

图 23.5 主对话框增设的控件

```
1   Private Sub Timer1_Timer()
2       Dim in_buffer As String
3       Dim i As Byte, j As Byte
4       Dim y_data As String * 1
5       MSComm1.Output = Chr(5) + "00FFBR0Y0000032C"
6       Call stx_receive(in_buffer)
7       Text1.Text = in_buffer
8       If Not (in_buffer = "ng") Then
9           j = 6
10          For i = 0 To 2
11              y_data = Mid(in_buffer, j, 1)
12              If y_data = "1" Then
13                  Shape1(i).FillColor = QBColor(4)
14              Else
15                  Shape1(i).FillColor = QBColor(15)
16              End If
```

```
17      j = j + 1
18    Next i
19   End If
20   MSComm1.Output = Chr(5) + "00FFWR0D0100032D"
21   Call stx_receive(in_buffer)
22   Text1.Text = in_buffer
23   If Not (in_buffer = "ng") Then
24     j = 6
25     For i = 0 To 2
26       Text2(i).Text = hex_doc(Mid(in_buffer, j, 4))
27       j = j + 4
28     Next i
29   End If
30  End Sub
31  Private Sub Command2_Click(Index As Integer)
32    Dim write_name(2) As String * 20
33    write_name(0) = "00_D0100_00000_65535"
34    write_name(1) = "00_D0101_00200_02000"
35    write_name(2) = "00_D0102_01000_01999"
36    Load write_word
37    write_word.Label2.Caption = Left(write_name(Index), 2)
38    write_word.Label4.Caption = Mid(write_name(Index), 4, 5)
39    write_word.Label6.Caption = Mid(write_name(Index), 10, 5)
40    write_word.Label8.Caption = Right(write_name(Index), 5)
41    write_word.Show 1
42  End Sub
```

【注释】

① 第 1~30 行为用于循环检测的程序。

② 第 20~28 行为循环检测 D100~D102 的通信程序。

③ 第 24~28 行为显示 D100~D102 元件的值,其以 For…Next 语句分别改变 Text2 阵列的控件中 Text 属性,当阵列数增加时,仅须变更 i 的值并不需要增加程序。

④ 第 31~42 行为单击用于 D100~D102 写入的按钮后所执行的程序。

⑤ 第 32~35 行中,设置一个 3 行阵列的变量,而各阵列变量的值须依 AA_BBBBB_CCCCC_DDDDD(AA 为 PLC 站号;BBBBB 为 word 元件;CCCCC 为十进制的下限值;DDDDD 为十进制的上限值)来设置。

⑥ 第 36 行为载入 write_word 对话框,但不会显示。

⑦ 第 37~40 行为载入 write_word 对话框后,将 PLC 的站号、word 元件编号、下限值及上限值分别写入 Label2、4、6 及 Label8 的 Caption 属性内。

⑧ 第 41 行为用于显示 write_word 的对话框,其中的"1"表示 write_word 显示,使用者不能触发主对话框的任何控件,防止使用者再次触发 write_bit 或 write_word 对话框。

上述都完成后,先在 VB 的"专案"功能表中设置主对话框为启动的控件,然后即可执行此专案。专案在执行中,使用者可单击 D100～D102 的按钮后出现 write_word 对话框,此时使用者可依需要输入 PLC 的 word 元件之值,写入完成后,可于主对话框中看到元件已改写,如图 23.6 所示。

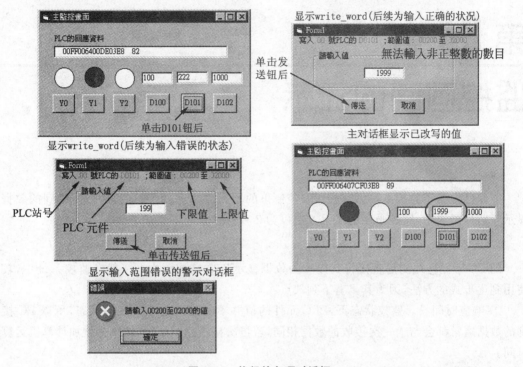

图 23.6 执行的各项对话框

第 24 章
监控画面的显示

前面已说明了监控下的循环检测及控制下的写入方法,而对循环检测后所得到的数据须显示于监控画面中,监控画面的显示方法可为 2 种:

1. 逐步式

即 PC 于循环检测后直接将其接收的数据显示于监控画面中。一般在监控系统中,较少使用到逐步式的方法,因为其具有下列缺点:

① 响应时间长。监控状态下,PLC 元件的值并不是随时处于改变的状态,所以 PC 接收到的数据通常都会与上一次接收的数据相同,若再次显示相同数据,则只会增加计算机运算的时间。

② 程序无法分门别类地管理,所以程序修改或增设时较为困难。

③ 程序的设计较无规则性,所以无法作有系统及有效率的设计。

2. 管道式

即 PC 于循环检测后,先将数据存储于 Text 控件的 Text 属性内,当此控件发生 Text_Chang 的事件,才将数据显示于监控画面中。一般在监控系统中,常采用管道式的方法,因为其具有下列优点:

① 响应时间短。若 PC 接收到的数据与上一次所接收的数据不相同,则会将数据显示于监控画面中。

② 程序可分门别类地管理。

③ 程序的设计较有规则性。

④ 可适用于 PC - BASE 的控制。

24.1 逐步式

若有一个半双工的监控系统须监控 0 号 PLC 的 Y0~Y2 及 D100~D102,则其 VB 的画面及程序的设计如下:

1. 主监控对话框的设计

此对话框名称为 main_form,其设计的画面如图 24.1 所示。

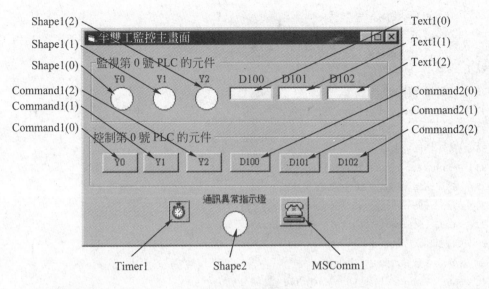

图 24.1 主监控对话框

图 24.1 中，其程序如下：

```
1   Option Explicit
2   ;监控的初始动作
3   Private Sub Form_Load()
4   ;初始参数的设置
5       MSComm1.CommPort = 1
6       MSComm1.Settings = "9600,n,7,1"
7       Timer1.Interval = 200
8       Timer1.Enabled = False
9   ;确认通信状况
10      Dim tt_data As String * 2
11      Dim ack_data As String * 2
12      MSComm1.PortOpen = True
13  ;清空计算机输入缓存
14      MSComm1.InBufferCount = 0
15  ;传送通信
16      MSComm1.Output = Chr(5) + "00FFTT007ABCDEFG07"
17      Call tt_chk(tt_data)
18      If Not (tt_data = "ok") Then
19          MsgBox "请重新检查通信线路后，再执行监控" + _
20              "系统", 16, "通信异常"
21          End
22      End If
23  ;启动 PLC 的监控指示灯
24      MSComm1.Output = Chr(5) + "00FFBW0Y000001160"
25      Call ack_chk(ack_data)
```

```
26    If Not (ack_data = "ok") Then
27      MsgBox "不确定是否启动 0 号 PLC 的监控指示灯", 16, "通" + _
28             "讯异常"
29    End If
30  ;开始循环检测的监控
31    Timer1.Enabled = True
32  End Sub

33  ;循环检测的监控
34  Private Sub Timer1_Timer()
35    Dim receive_data As String
36    Call receive0_y0_y2(receive_data)
37    Call receive0_d100_d102(receive_data)
38  End Sub

39  ;读取 0 号 PLC 的 Y02 的状态
40  Public Sub receive0_y0_y2(receive_data)
41    Dim y_data As String * 1
42    Dim in_buffer As String
43    Dim i As Byte, j As Byte
44    MSComm1.InBufferCount = 0
45    MSComm1.Output = Chr(5) + "00FFBR0Y0000032C"
46  ;依读取时机来读取 PLC 的回应数据
47    Call stx_receive(in_buffer)
48  ;监控画面的更新
49    If in_buffer = "ng" Then
50      Shape2.FillColor = QBColor(4)
51    Else
52      Shape2.FillColor = QBColor(2)
53      j = 6
54      For i = 0 To 2
55        y_data = Mid(in_buffer, j, 1)
56        If y_data = "1" Then
57          Shape1(i).FillColor = QBColor(4)
58        Else
59          Shape1(i).FillColor = QBColor(15)
60        End If
61        j = j + 1
62      Next i
63    End If
64  End Sub

65  ;读取 0 号 PLC 的 D100102 的状态
66  Public Sub receive0_d100_d102(receive_data)
67    Dim in_buffer As String
68    Dim i As Byte, j As Byte
```

```
69    MSComm1.InBufferCount = 0
70    MSComm1.Output = Chr(5) + "00FFWR0D0100032D"
71  ;依读取时机来读取 PLC 的回应数据
72    Call stx_receive(in_buffer)
73  ;监控画面的更新
74    If in_buffer = "ng" Then
75       Shape2.FillColor = QBColor(4)
76    Else
77       Shape2.FillColor = QBColor(2)
78       j = 6
79       For i = 0 To 2
80          Text1(i).Text = hex_doc(Mid(in_buffer, j, 4))
81          j = j + 4
82       Next i
83    End If
84  End Sub
85  ;读取时机
86  Public Sub stx_receive(in_buffer)
87    Dim delay_time As Double
88    Dim delay_start As Double
89    Dim delay_chk As Double
90    delay_time = 0.1
91    delay_start = Timer
92    Do
93       delay_chk = delay_start + delay_time
94    Loop Until Timer > delay_chk
95    in_buffer = MSComm1.Input
96  ;确认 PLC 回应数据,其通信时是否有受到干扰
97    If stx_chk(in_buffer) = 0 Then in_buffer = "ng"
98  End Sub
99  ;通信状况测试
100 Public Sub tt_chk(tt_data)
101   Dim in_buffer As String
102   Dim delay_time As Double
103   Dim delay_start As Double
104   Dim delay_chk As Double
105   delay_time = 0.1
106   delay_start = Timer
107   Do
108      delay_chk = delay_start + delay_time
109   Loop Until Timer > delay_chk
110   in_buffer = MSComm1.Input
```

```
111     If Mid(in_buffer, 8, 7) = "ABCDEFG" Then tt_data = "ok"
112   End Sub
113   ;开启 bit 写入用对话框
114   Private Sub Command1_Click(Index As Integer)
115     Dim write_name(2) As String * 8
116     write_name(0) = "00_Y0000"
117     write_name(1) = "00_Y0001"
118     write_name(2) = "00_Y0002"
119     Load write_bit
120     write_bit.Label2.Caption = Left(write_name(Index), 2)
121     write_bit.Label4.Caption = Right(write_name(Index), 5)
122     write_bit.Show 1
123   End Sub
124   ;开启 word 写入用对话框
125   Private Sub Command2_Click(Index As Integer)
126     Dim write_name(2) As String * 20
127     write_name(0) = "00_D0100_00000_65535"
128     write_name(1) = "00_D0101_00200_02000"
129     write_name(2) = "00_D0102_01000_01999"
130     Load write_word
131     write_word.Label2.Caption = Left(write_name(Index), 2)
132     write_word.Label4.Caption = Mid(write_name(Index), 4, 5)
133     write_word.Label6.Caption = Mid(write_name(Index), 10, 5)
134     write_word.Label8.Caption = Right(write_name(Index), 5)
135     write_word.Show 1
136   End Sub
137   ;通信状况的确认
138   Public Sub ack_chk(ack_data)
139     Dim in_buffer As String
140     Dim delay_time As Double
141     Dim delay_start As Double
142     Dim delay_chk As Double
143     delay_time = 0.1
144     delay_start = Timer
145     Do
146        delay_chk = delay_start + delay_time
147     Loop Until Timer > delay_chk
148     in_buffer = MSComm1.Input
149     If Left(in_buffer, 1) = Chr(6) Then ack_data = "ok"
150   End Sub
```

2. write_bit 对话框的设计

其对话框画面及程序与 23.3 节中的介绍相同。

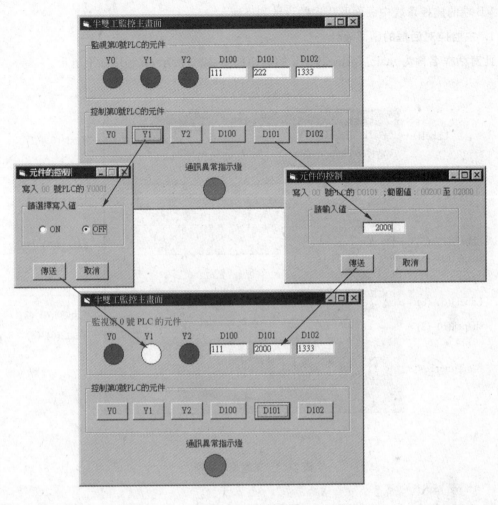

图 24.2 执行画面

3．write_word 对话框的设计

其对话框画面及程序与 23.3 节中的介绍相同。

4．一般模块内的程序

载入将第 21 章的所有程序。

5．执　行

当上述都完成后即可开始执行，如图 24.2 所示。

24.2　管道式

若有一个全双工(I)的监控系统须监控 0～2 号 PLC 的 Y0～Y2 及 D100～D102，且利用 hex_bit 的程序用于位元件转换，则各台 PLC 须增加下列程序：

```
LD      M8000
MOV     K4Y0000 D99
```

VB端的监控系统中画面及程序的设计如下所示。

1. 主监控对话框的画面设计

此对话框名称为main_form,其设计的画面如图24.3所示,其程序如下所示。

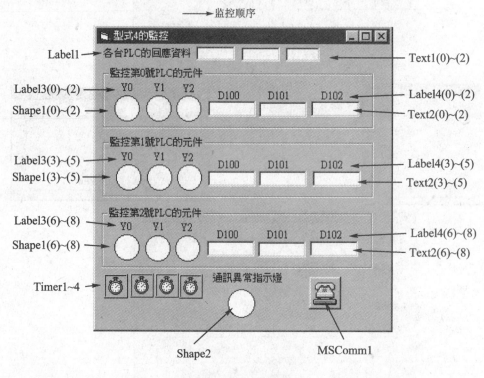

图24.3 主监控对话框

```
1    Option Explicit
2    ;监控的初始动作
3    Private Sub Form_Load()
4    ;初始参数的设置
5        MSComm1.CommPort = 1
6        MSComm1.Settings = "9600,n,7,1"
7        Timer1.Interval = 1
8        Timer2.Interval = 1
9        Timer3.Interval = 1
10       Timer4.Interval = 1
11       Timer1.Enabled = False
12       Timer2.Enabled = False
13       Timer3.Enabled = False
14       Timer4.Enabled = False
15   ;控值项以鼠标图示变更的方式,来指示使用者
16       Dim i As Byte
17       For i = 0 To 8
```

```
18      Label3(i).MouseIcon = LoadPicture("c:\fx_edu\full\h_point.cur")
19      Label3(i).MousePointer = 99
20      Label4(i).MouseIcon = LoadPicture("c:\ \fx_edu\full\h_point.cur")
21      Label4(i).MousePointer = 99
22    Next i
23   ;将"事件式"的管道不显示于监控画面上
24    Text1(0).Visible = False
25    Text1(1).Visible = False
26    Text1(2).Visible = False
27    Label1.Visible = False
28   ;确认通信状况及启动PLC的监控指示灯
29    Dim send_nmu As Long
30    Dim ack_data As String * 2
31    Dim plc_nmu As String * 2
32    Dim send_text As String
33    Dim send_chksum As String * 2
34    MSComm1.PortOpen = True
35    For send_nmu = 0 To 2
36      plc_nmu = Right((doc_hex(send_nmu)), 2)
37      send_text = plc_nmu + "FFBW0Y0000011"
38      send_chksum = chksum(send_text)
39   ;清空计算机输入缓存
40      MSComm1.InBufferCount = 0
41   ;传送通信
42      MSComm1.Output = Chr(5) + send_text + send_chksum + _
43              Chr(13) + Chr(10)
44      Call ack_chk(ack_data)
45      If Not (ack_data = "ok") Then
46        MsgBox "请重新检查通信线路后,再执行监控" + _
47              "系统", 16, "通信异常"
48        End
49      End If
50    Next send_nmu
51   ;开始循环检测的监控
52    Timer1.Enabled = True
53    Timer4.Enabled = True
54   End Sub
55   ;PC要求0号PLC的监控通信(全双工方式)
56   Private Sub Timer1_Timer()
57    MSComm1.Output = Chr(5) + "00FFWR3D00990442" + _
58              Chr(13) + Chr(10)
59    Timer2.Enabled = True
```

```
60      Timer1.Enabled = False
61  End Sub
62  ;PC 要求 1 号 PLC 的监控通信(全双工方式)
63  Private Sub Timer2_Timer()
64      MSComm1.Output = Chr(5) + "01FFWR3D00990443" + _
65           Chr(13) + Chr(10)
66      Timer3.Enabled = True
67      Timer2.Enabled = False
68  End Sub
69  ;PC 要求 2 号 PLC 的监控通信(全双工方式)
70  Private Sub Timer3_Timer()
71      MSComm1.Output = Chr(5) + "02FFWR3D00990444" + _
72           Chr(13) + Chr(10)
73      Timer1.Enabled = True
74      Timer3.Enabled = False
75  End Sub
76  ;PC 读取 PLC 所传送的数据(全双工方式)
77  Private Sub Timer4_Timer()
78      Dim delay_time As Double
79      Dim delay_start As Double
80      Dim in_buffer As String
81      delay_time = 0.5
82      delay_start = Timer
83  ;读取时机
84      Do
85         in_buffer = in_buffer + MSComm1.Input
86      Loop Until InStr(in_buffer, vbCrLf) Or _
87              Timer > delay_start + delay_time
88  ;确认 PLC 回应数据,其通信时是否有受到干扰
89      If stx_chk(in_buffer) = 0 Then
90         Shape2.FillColor = QBColor(4)
91      Else
92         Shape2.FillColor = QBColor(2)
93  ;将接收的数据分别依 PLC 编号显示
94      Select Case Mid(in_buffer, 2, 2)
95            Case "00": Text1(0).Text = in_buffer
96            Case "01": Text1(1).Text = in_buffer
97            Case "02": Text1(2).Text = in_buffer
98      End Select
99      End If
100 End Sub
101 ;事件式的监控画面更新
102 Private Sub Text1_Change(Index As Integer)
```

```
103    Dim shape1_text As String * 16
104    Dim shape_num As Byte
105    Dim bit_zon As Byte
106    Dim word_zon As Byte
107    word_zon = 10
108    shape1_text = hex_bit(Mid(Text1(Index), 6, 4))
109    If Index = 0 Then shape_num = 0
110    If Index = 1 Then shape_num = 3
111    If Index = 2 Then shape_num = 6
112    For shape_num = shape_num To shape_num + 2
113      If Mid(shape1_text, 16 - bit_zon, 1) = "1" Then
114          Shape1(shape_num).FillColor = QBColor(4)
115      Else
116          Shape1(shape_num).FillColor = QBColor(15)
117      End If
118      Text2(shape_num).Text = hex_doc(Mid(Text1(Index).Text , _
119                          , word_zon, 4))
120      bit_zon = bit_zon + 1
121      word_zon = word_zon + 4
122    Next shape_num
123  End Sub
124  ;开启用于位写入的对话框
125  Private Sub Label3_Click(Index As Integer)
126    Dim write_name(8) As String * 8
127    write_name(0) = "00_Y0000"
128    write_name(1) = "00_Y0001"
129    write_name(2) = "00_Y0002"
130    write_name(3) = "01_Y0000"
131    write_name(4) = "01_Y0001"
132    write_name(5) = "01_Y0002"
133    write_name(6) = "02_Y0000"
134    write_name(7) = "02_Y0001"
135    write_name(8) = "02_Y0002"
136    Load write_bit
137    write_bit.Label2.Caption = Left(write_name(Index), 2)
138    write_bit.Label4.Caption = Right(write_name(Index), 5)
139    write_bit.Show 1
140  End Sub
141  ;开启用于word写入对话框
142  Private Sub Label4_Click(Index As Integer)
143    Dim write_name(8) As String * 20
144    write_name(0) = "00_D0100_01000_01100"
145    write_name(1) = "00_D0101_02000_02200"
```

```
146     write_name(2) = "00_D0102_03000_03300"
147     write_name(3) = "01_D0100_04000_04400"
148     write_name(4) = "01_D0101_05000_05500"
149     write_name(5) = "01_D0102_06000_06600"
150     write_name(6) = "02_D0100_07000_07700"
151     write_name(7) = "02_D0101_08000_08800"
152     write_name(8) = "02_D0102_09000_09900"
153     Load write_word
154     write_word.Label2.Caption = Left(write_name(Index), 2)
155     write_word.Label4.Caption = Mid(write_name(Index), 4, 5)
156     write_word.Label6.Caption = Mid(write_name(Index), 10, 5)
157     write_word.Label8.Caption = Right(write_name(Index), 5)
158     write_word.Show 1
159 End Sub
160 ;通信状况的确认
161 Public Sub ack_chk(ack_data)
162     Dim in_buffer As String
163     Dim delay_time As Double
164     Dim delay_start As Double
165     Dim delay_chk As Double
166     delay_time = 0.5
167     delay_start = Timer
168     Do
169       in_buffer = in_buffer + MSComm1.Input
170     Loop Until InStr(in_buffer, vbCrLf) Or _
171            Timer > delay_start + delay_time
172     If Left(in_buffer, 1) = Chr(6) Then ack_data = "ok"
173 End Sub
```

2. write_bit 对话框的设计

对话框画面与 23.2 节相同,但其程序中的传送数据最后须将加上 CR 及 LF 控制码,其完整的程序如下所示:

```
1  Option Explicit
2  ;初始参数的设置
3  Private Sub Form_Load()
4      MSComm1.CommPort = main_form.MSComm1.CommPort
5      MSComm1.Settings = main_form.MSComm1.Settings
6      Option2.Value = True
7  End Sub
8  ;写入元件值之动作
9  Private Sub Command1_Click()
10     Dim send_d As String
```

```
11      Dim ack_data As String * 2
12      Dim msg_data As String
13      main_form.Timer1.Enabled = False
14      main_form.Timer2.Enabled = False
15      main_form.Timer3.Enabled = False
16      main_form.Timer4.Enabled = False
17      main_form.MSComm1.PortOpen = False
18      MSComm1.PortOpen = True
19      If Option1.Value = True Then
20          send_d = Label2.Caption + "FFBW0" + Label4.Caption + "011"
21      End If
22      If Option2.Value = True Then
23          send_d = Label2.Caption + "FFBW0" + Label4.Caption + "010"
24      End If
25  ;清空计算机输入缓存
26      MSComm1.InBufferCount = 0
27  ;传送通信
28      MSComm1.Output = Chr(5) + send_d + chksum(send_d) + _
29                      Chr(13) + Chr(10)
30  ;检查通信状况
31      Call ack_chk(ack_data)
32      If Not (ack_data = "ok") Then
33          msg_data = "不确定是否已写入" + Label2.Caption + _
34              "号PLC的" + Label4.Caption
35          MsgBox msg_data, 16, "通信异常"
36      End If
37  ;关闭显示窗口并回到主画面
38      MSComm1.PortOpen = False
39      main_form.MSComm1.PortOpen = True
40      main_form.Timer1.Enabled = True
41      main_form.Timer4.Enabled = True
42      Unload write_bit
43  End Sub
44  ;取消动作
45  Private Sub Command2_Click()
46      Unload write_bit
47  End Sub
48  ;通信状况的确认
49  Public Sub ack_chk(ack_data)
50      Dim in_buffer As String
51      Dim delay_time As Double
52      Dim delay_start As Double
54      delay_start = Timer
```

```
55        Do
53            delay_time = 0.5
56            in_buffer = in_buffer + MSComm1.Input
57        Loop Until InStr(in_buffer, vbCrLf) Or _
58            Timer > delay_start + delay_time
59        If Left(in_buffer, 1) = Chr(6) Then ack_data = "ok"
60    End Sub
```

3. write_word 对话框的设计

对话框画面与 23.3 节相同,但程序中传送数据的最后须加上 CR 及 LF 控制码,其完整的程序如下所示:

```
1   Option Explicit
2   ;初始参数的设置
3   Private Sub Form_Load()
4       MSComm1.CommPort = main_form.MSComm1.CommPort
5       MSComm1.Settings = main_form.MSComm1.Settings
6   End Sub
7   ;限制只能输入正整数
8   Private Sub Text1_KeyPress(KeyAscii As Integer)
9       If KeyAscii < 48 Or KeyAscii > 57 Then KeyAscii = 0
10  End Sub
11  ;写入元件值之动作
12  Private Sub Command1_Click()
13      Dim send_d As String
14      Dim ack_data As String
15      Dim msg_data As String
16      Dim min_value As Long
17      Dim max_value As Long
18      Dim set_value As Long
19      min_value = Label6.Caption
20      max_value = Label8.Caption
21  ;确认是否无输入值
22      If Text1.Text = "" Then
23          MsgBox "请输入值", 16, "错误"
24      Else
25  ;比对输入值与范围值是否正确
26          set_value = Text1.Text
27          If set_value < min_value Or set_value > max_value Then
28  ;错误时会警告并要求重新输入
29              msg_data = "请输入" + Label6.Caption + "至" + _
30                  Label8.Caption + "的值"
31              MsgBox msg_data, 16, "错误"
```

```
32        Text1.SetFocus
33        SendKeys "{Home} + {End}"
34      Else
35  ;正确时开始写入 PLC 元件值
36      send_d = Label2.Caption + "FFWW0" + Label4.Caption + _
37           "01" + doc_hex(Text1.Text)
38      main_form.Timer1.Enabled = False
39      main_form.Timer2.Enabled = False
40      main_form.Timer3.Enabled = False
41      main_form.Timer4.Enabled = False
42      main_form.MSComm1.PortOpen = False
43      MSComm1.PortOpen = True
44  ;清空计算机输入缓存
45      MSComm1.InBufferCount = 0
46  ;传送通信
47      MSComm1.Output = Chr(5) + send_d + _
48           chksum(send_d) + Chr(13) + Chr(10)
49  ;检查通信状况
50      Call ack_chk(ack_data)
51      If Not (ack_data = "ok") Then
52        msg_data ="不确定是否已写入" + Label2.Caption + _
53          "号 PLC 的" + Label4.Caption
54        MsgBox msg_data,16,"通信异常"
55      End If
56  ;关闭视窗并回到主画面
57      MSComm1.PortOpen = False
58      main_form.MSComm1.PortOpen = True
59      main_form.Timer1.Enabled = True
60      main_form.Timer4.Enabled = True
61      Unload write_word
62     End If
63    End If
64  End Sub
65  ;取消之动作
66  Private Sub Command2_Click()
67      Unload write_word
68  End Sub
69  ;通信状况的确认
70  Public Sub ack_chk(ack_data)
71      Dim in_buffer As String
72      Dim delay_time As Double
73      Dim delay_start As Double
74      Dim delay_chk As Double
```

```
75      delay_time = 0.5
76      delay_start = Timer
77      Do
78       in_buffer = in_buffer + MSComm1.Input
79      Loop Until InStr(in_buffer, vbCrLf) Or _
80          Timer > delay_start + delay_time
81      If Left(in_buffer, 1) = Chr(6) Then ack_data = "ok"
82  End Sub
```

4. 一般模块内的程序

载入第 21 章的所有程序。

5. 执　行

上述都完成后即可开始执行，如图 24.4 所示。

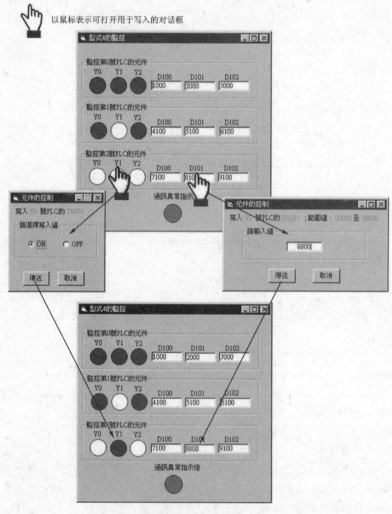

图 24.4　执行画面

第 25 章
可视化的图形监控

自动化产业中,PLC 因适用性高所以常用于第一线的控制器,但尚有一些功能上的限制,如存储器容量、数据处理分析能力、报表列印等,而这些限制可以利用 Computer Link 解决。以 Computer Link 建立的监控系统,如图 25.1 所示。

图 25.1 中,人经过计算机显示的图像了解或控制设备的动作,而且监控中的图像若具有可视化的效果,则可以大幅提升操作者的使用性。日常生活中常可见到一些开关及仪表,如汽车的转速表、电瓶异常灯号等,因经常看到且使用,从而使得这些开关及仪表有了人性化的功能,利用这些人性化的开关及仪表用于图形监控时,即能产生可视化的效果,即可视化的图形监控。

VB 中,可以利用其内含的图形控制项来制作可视化的图形,且可以利用一些应用元件使得监控画面更为生动,从而使得操作人员能一目了然地监控整个设备,如图 25.2 所示。

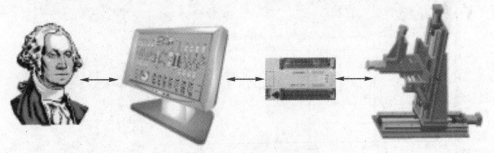

控制过程:人→计算机→PLC→机器
监控过程:机器→PLC→计算机→人

图 25.1 监控的关系

采用可视化的图形作为监控的画面时,其监控系统的程序具有下列的特性:
① 控制的项目必须能在监控项目显示,从而可以取消写入元件后的确认程序。
② 以显示画面用于驱动控制的项目,且当鼠标移至控制项时,须变更鼠标的图像,方便操作者的使用。
③ 以管道的方式驱动监控画面的变更。

这里以建立空压设备的监控系统作为可视化图形监控的说明实例,如图 25.3 所示。开发

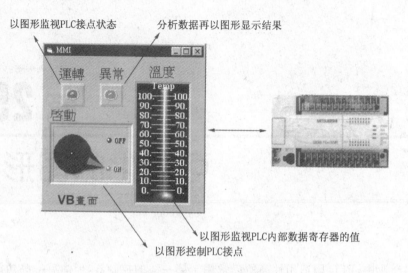

图 25.2 可视化的图形监控

此监控系统有固定的步骤,本书会在后续各节中依序说明。

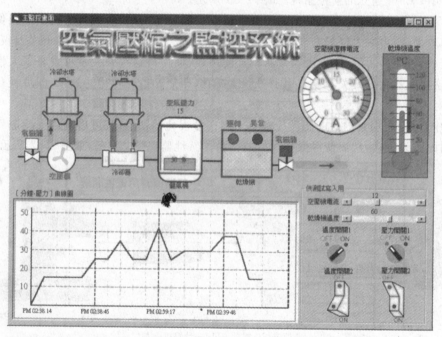

图 25.3 空压机的监控画面

以 VB 作监控画面的开发时,必须以屏幕区域的像素作为设计的基础,以 800×600 像素作为画面的设计后,若再以 640×480 的像素执行监控系统,监控的画面无法完全显示;若以 1 024×768 的像素来执行监控系统,则监控的画面会变的过小,而本实例是以 800×600 像素作为画面的设计,所以执行前先将屏幕区域的像素设置为 800×600。

25.1 建立监控元件表

监控元件表为一数据表,它以监控的 PLC 元件展开,此专案中,先列出监控的 PLC 元件,如表 25.1 所列。

表 25.1 监控的 PLC 元件

PLC 站号	监控的元件	名　称
0	X0	冷却水温开关
0	X3	空气机冷却水温开关
0	X5	空气机冷却水压开关
0	X10	冷却器水压开关
0	Y1	空气机遮断电磁阀
0	Y6	空压机运行的电磁开关
0	D12	空气压力值
0	D21	空气机运行电流值
1	Y7	干燥机运行指示灯
1	Y10	干燥机异常指示灯
1	Y11	压缩空气遮断电磁阀
1	D33	干燥机温度值

表 25.1 中,其将监控的 PLC 元件,依 PLC 站号及元件编号列表,但因写入 X 元件时仅发生一个扫描周期的 ON,若要于监控画面中作 X 元件的监控,须以开关或以电线道通的方式触发 PLC 的 X 元件,所以为了方便实际测试,本书以 M 元件替代 X 元件。

接下来可以用单一 D 元件化及批次化进行改进,来减少通信的次数并作为监控元件,将改善后的元件写入表 25.1 中,其结果如表 25.2 所列。

表 25.2 监控及控制详单

PLC 站号	控制元件	名　称	监控元件	转批次性
0	M0	冷却器水	M100	
0	M3	空压机冷	M101	
0	M5	空压机冷	M102	D100
0	M10	冷却器水	M103	
0	Y1	空压机遮	M104	
0	Y6	空压机运	M105	
0	D12	空气压力	D12	D101
0	D21	空压机运	D21	D102

续表 25.2

PLC 站号	控制元件	名 称	监控元件	转批次性
1	Y7	干燥机运	M100	
1	Y10	干燥机异	M101	D100
1	Y11	压缩空气	M102	
1	D33	干燥机温	D33	D101

然后按照单一 D 元件化及批次化的改进结果来增加 PLC 的程序,如表 25.3 所列,但用于 PLC 通信参数设置的程序,则依照全双工或半双工的通信方式设置。

表 25.3　PLC 增加的程序

0 号 PLC	1 号 PLC
LD M8000	LD M8000
MOV K2M100 D100	MOV K1M100 D100
MOV D12 D101	MOV D33 D101
MOV D21 D102	LD Y7
LD M0	OUT M100
OUT M100	LD Y10
LD M3	OUT M101
OUT M101	LD Y11
LD M5	OUT M102
OUT M102	
LD M10	
OUT M103	
LD Y1	
OUT M104	
LD Y6	
OUT M105	

下一步即构思监控画面,如图 25.4 所示。图 25.4 中有动画的监控画面,对用于动画显示的 VB 元件,本实例是采用网络下载的 Gif89a 应用元件来用于动画的显示。

在图 25.4 中,各标志的项目即为用于监控的控件,而控件的名称需有规则性,从而利于监控系统的修改。此实例中,监控的控件名称是以 3 组编号来命名的,如名称为 m100_0_1 时,m100 表示监控的 PLC 元件;0 表示 0 号 PLC;1 表示串行口的编号。用于监控的控件详单见表 25.4,用以监控系统的设计及修改。

监控系统中,监控的数据常以曲线表或百分表显示,此实例是将空气压力值以曲线表及百分表显示,如图 25.5 所示。

第25章 可视化的图形监控

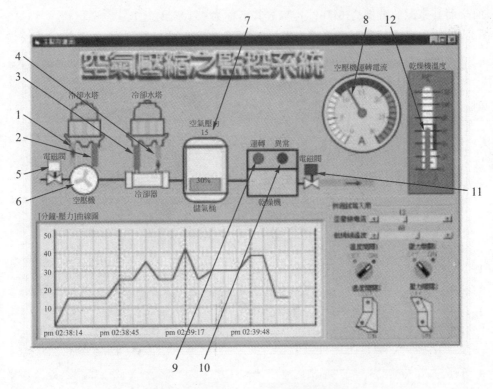

图 25.4 监控画面中用于监控的控件

表 25.4 用于监控的控件表

PLC 元件			控件	名 称	图中的标识
D100	Bit0	M100	Gif89a	M100_0_1	1
	Bit1	M101	Gif89a	M101_0_1	2
	Bit2	M102	Gif89a	M102_0_1	3
	Bit3	M103	Gif89a	M103_0_1	4
	Bit4	M104	Shape	M104_0_1	5
	Bit5	M105	Gif89a	M105_0_1	6
D101			Label	D101_0_1	7
D102			Line	D102_0_1	8
D100	Bit0	M100	Shape	M100_1_1	9
	Bit1	M101	Shape	M101_1_1	10
	Bit2	M102	Shape		
D101			Line	D101_1_1	12

图 25.5 中标志的项 1 是以 Label.Caption 显示空气压力的饱和率；项 2 是以 Shape 的高度显示空气压力的饱和率；项 3 是以 PictureBox 的 Line 方法显示空气压力与时间的曲线表。这 3 项都是由空气压力值(D101_0_1)计算得出，所以它是以来源值的序号来表示的，如 D101_0_1_1 即为项 1 的名称。例如，在图 25.5 中，其标志的项 1 是以动画表示压缩空气的遮断阀

233

是否动作,而其来源的数据为 M102_1_1,故其名称为 M102_1_1_1。

图 25.5 构思完成后接下来就要构思控制画面,本实例的控制画面,如图 25.6 所示。

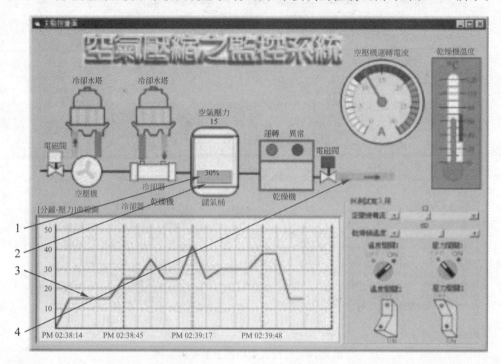

图 25.5　监控画面中的曲线表及百分表

图 25.6 中各标志的项目即为用于控制的控件,同样这些控件的名称必需有规则性才能利于监控系统的修改。此实例中,控制的控件名称以 2 组编号来命名,如名称为 bit_ima 时,则"位"表示控制 PLC 的位元件,若为 word 则表示控制 PLC 的 word 元件;ima 为使用控件名称的前三个字符,如 ima 表示使用 Image 控制项。用于控制的控件详单如表 25.5 所列,用于监控系统的设计及修改。

表 25.5 中,若为相同的控件,则其命名的方式是以单一名称并以阵列区分,因为当控制 PLC 的元件时,VB 端是以各控件的 Click 事件来执行写入程序,且以事件中的阵列值(Index 变量)来区分写入的元件项目,此种方法详见 23.2 节中的实例。

下一步就要建立 VB 端用户接收数据的"管道",而管道都是以 Text 控件来使用,如表 25.6 所列。

表 25.5　用于控制控件表

PLC 元件	控件	名称	阵列	图中的标志
M0	Image	bit_ima	0	1
M3	Image	bit_ima	1	2
M5	Image	bit_ima	2	3
M10	Image	bit_ima	3	4
Y1	Label	bit_lab	0	5

续表 25.5

PLC 元件	控件	名称	阵列	图中的标志
Y6	Label	bit_lab	1	6
D12	Label	word_lab	无	7
D21	HScrollBar	word_hsc	0	8
Y7	Label	bit_lab	2	9
Y10	Label	bit_lab	3	10
Y11	Label	bit_lab	4	11
D33	HScrollBar	word_hsc	1	12

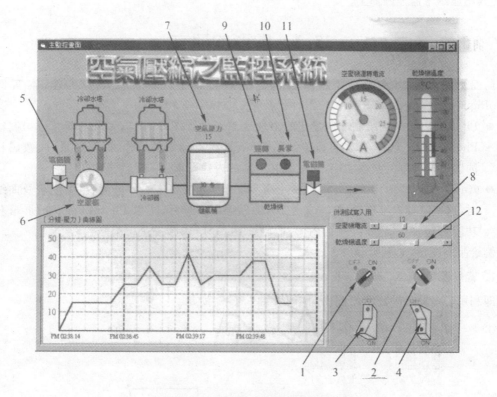

图 25.6　监控画面用于控制的控件

表 25.6　管道的明细

0 号 PLC 的数据管道				1 号 PLC 的数据管道			
阶　层	元件编号	名　称	阵　列	阶　层	元件编号	名　称	阵　列
1	D100102	cycle_0_1	无	1	D100101	cycle_1_1	无
·2	D100	d_0_1	0	·2	D100	d_1_1	0
··3	M100	m_0_1	0	··3	M100	m_1_1	0
··3	M101	m_0_1	1	··3	M101	m_1_1	1
··3	M102	m_0_1	2	··3	M102	m_1_1	2

续表 25.6

0 号 PLC 的数据管道				1 号 PLC 的数据管道			
阶层	元件编号	名称	阵列	阶层	元件编号	名称	阵列
··3	M103	m_0_1	3	·2	D101	d_1_1	1
··3	M104	m_0_1	4				
··3	M105	m_0_1	5				
·2	D101	d_0_1	1				
·2	D102	d_0_1	2				

监控系统中,"管道"是利用 Change 事件用于监控画面的显示,所以一般都会将管道隐藏,使其不显示于监控画面上。

25.2 图形的建立

监控元件表建立完成且监控画面构思完成后接下来即为绘图的工作,本实例以 PhotoImpact 及 AutoCAD R14 来绘图,因为:

- PhotoImpact 当绘制非向量化的图形及制作动画图片时,本文采用友立公司制作的 PhotoImpact 软件,除了可以绘制图形外,其尚有动划的制作、网页的设计、数码相机的输出及屏幕的获取功能,同时又有丰富的内建图形。
- AutoCAD R14 当绘制向量化的图形(即有刻划的仪表),如电流表、温度表及曲线表时,这些都要求准确性,故本文是以 CAD 绘制图形后,再以 PhotoImpact 的屏幕获取功能来获取 CAD 所绘制的图形,最后于 PhotoImpact 中进行编修。

本实例绘制的图形,如下所示。

1. 背景画面

即利用设备的硬件配置绘制出的图形,如图 25.7 所示。

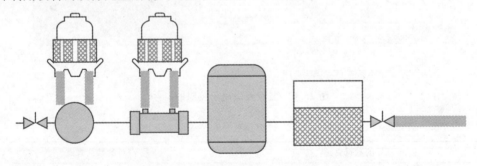

图 25.7 背景画面

2. 标题的动画

如图 25.8 所示。

图 25.8 标题的动画

3. 电流表

如图 25.9 所示。

4. 温度表

如图 25.10 所示。

5. 空压机运行的动画

如图 25.11 所示。

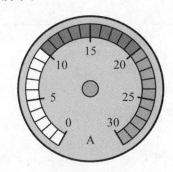

图 25.9　电流表

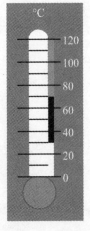

图 25.10　温度表

图 25.11　空压机运行的动画

6. 表示流动的动画

如图 25.12 所示。

7. 选择开关的图形

如图 25.13 所示。

8. 按钮开关的图形

如图 25.14 所示。

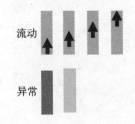

图 25.12　表示流动的动画

图 25.13　冷却水的控制开关

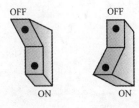

图 25.14　冷却水的按钮开关

9. 曲线的背景图形

如图 25.15 所示。

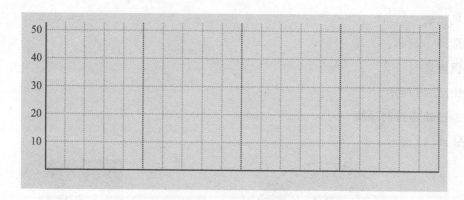

图 25.15　曲线的背景图形

25.3　VB 监控画面的设计

用于监控的控件选定好且图形设计完成后,接下来即设计 VB 的监控画面,如图 25.16 所示。

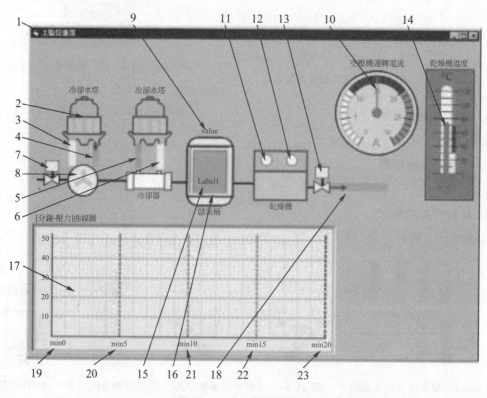

图 25.16　VB 的监控画面

图 25.16 中,各标志控件的名称及设计模式下的属性,如表 25.7 所列;而各控件使用的主件,如表 25.8 所列。

表 25.7 控件详单

标 志	种 类	名 称	控件设计模式下的属性
1	Form	main_form	Caption=主监控画面
2	Image	cycle_ima	Picture=C:\fx_edu\picture\1.gif
3	Gig89a	m100_0_1	FileName=C:\fx_edu\picture\6-2.gif
4	Gig89a	m101_0_1	FileName=C:\fx_edu\picture\5-1.gif
5	Gig89a	m102_0_1	FileName=C:\fx_edu\picture\6-1.gif
6	Gig89a	m103_0_1	FileName=C:\fx_edu\picture\5-2.gif
7	Shape	m104_0_1	FillColor=&H0000FFFF&
			FillStyle=0
			Shape=0
8	Gig89a	m105_0_1	FileName=C:\fx_edu\picture\3.gif
9	Label	d101_0_1	Caption=value
10	Line	d102_0_1	BorderColor=&H000000FF&
			BorderStyle=1
			BorderWidth=3
			X1=0
			X2=0
			Y1=0
			Y2=40
11	Shape	m100_1_1	FillColor=&H00FFFFFF&
			FillStyle=0
			Shape=3
12	Shape	m101_1_1	FillColor=&H00FFFFFF&
			FillStyle=0
			Shape=3
13	Shape	m102_1_1	FillColor=&H0000FFFF&
			FillStyle=0
			Shape=0
14	Line	d101_1_1	BorderColor=&H000000FF&
			BorderStyle=1
			BorderWidth=10
			X1=0
			X2=0
			Y1=0
			Y2=40
15	Label	d101_0_1_2	Caption=Label1

续表 25.7

标 志	种 类	名 称	控件设计模式下的属性
16	Shape	d101_0_1_1	BackStyle=0
			FillColor=&H0000C000&
			FillStyle=0
			Shape=0
			Width=88
17	PictureBox	d101_0_1_3	Picture=C:\fx_edu\picture\12.gif
			ScaleHight=−1000
			ScaleWidth=1000
			ScaleLeft=−61
			ScaleTop=880
18	Gig89a	m102_1_2	FileName=C:\fx_edu\picture\4.gif
19	Label	time_pressure	1. 阵列依序为 0～4
20	Label	time_pressure	2. Font(字型大小)=8
21	Label	time_pressure	3. Alignment=2
22	Label	time_pressure	4. 为标志项 17 的从件
23	Label	time_pressure	

表 25.8 主件明细表

标 志	种 类	名 称	主件设计模式下的属性
10	PictureBox	d102_0_pic	Picture=C:\fx_edu\picture\11.gif
			ScaleHight=−100
			ScaleWidth=100
			ScaleLeft=−50
			ScaleTop=50
14	PictureBox	d101_1_pic	Picture=C:\fx_edu\picture\8.gif
			ScaleHight=−100
			ScaleWidth=100
			ScaleLeft=−42.8
			ScaleTop=79.6
16	PictureBox	d101_2_pic	BackColor=&H0000FFFF&
			ScaleHight=−100
			ScaleWidth=100
			ScaleLeft=−50
			ScaleTop=100

用于控制的控件选定好且图形设计完成后，接下来即设计 VB 的控制画面，如图 25.17 所示。其中，各标志控件的名称及设计模式下的属性，如表 25.9 所列。

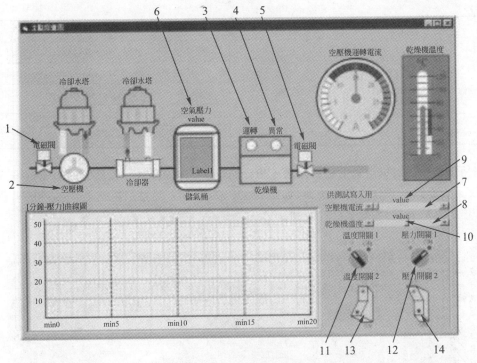

图 25.17 VB 的控制画面

表 25.9 控件详单

标　志	种　类	名　称	设计模式下的属性
1～5	Label	bit_lab	1. Caption 请依画面的文字来设置
			2. Font(字型样式)＝粗体
			3. ForeColor＝&H000000FF&
			4. MuseIcon＝C:\fx_edu\full\h_point.cur
			5. MusePointer＝99
			6. 阵列依序为 0～4
6	Label	word_lab	1. Caption＝空气压力
			2. Font(字型样式)＝粗体
			3. ForeColor＝&H000000FF&
			4. MuseIcon＝C:\fx_edu\full\h_point.cur
			5. MusePointer＝99
7～8	HScrollBar	word_hsc	1. 项 7 的 Max＝30；项 8 的 Max＝100
			2. Min＝0
			3. 阵列依序为 0～1
9～10	Label	word_hsc_1	1. Caption＝value
			2. 阵列依序为 0～1

续表25.9

标志	种类	名称	设计模式下的属性
11~14	Image	bit_ima	1. 项 11 的 Picture=C:\fx_edu\picture\9-1.gif
			2. 项 12 的 Picture=C:\fx_edu\picture\9-2.gif
			3. 项 13 的 Picture=C:\fx_edu\picture\10-1.gif
			4. 项 14 的 Picture=C:\fx_edu\picture\10-2.gif
			5. 阵列依序为 0~3

当用于通信的数据管道的控件及用于串行通信的控件选定好,且标题的动化也设计完成后,接下来即是设计 VB 的管道画面,如图 25.18 所示。图 25.18 中,各标志控件的名称及其于设计模式下的属性,如表 25.10 所列。

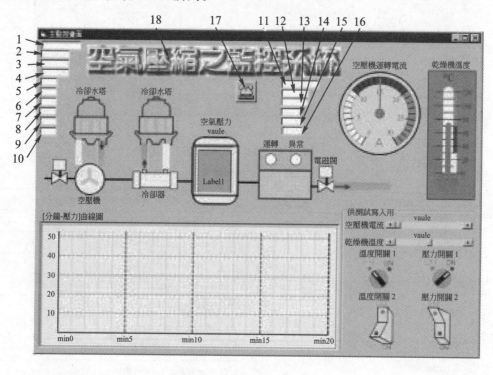

图 25.18　VB 的管道画面

表 25.10　Text 控件详单

标志	种类	名称	设计模式下的属性
1	Text	cycle_0_1	
2~4	Text	d_0_1	阵列依序为 0~2
5~10	Text	m_0_1	阵列依序为 0~5
11	Text	cycle_1_1	
12~13	Text	d_1_1	阵列依序为 0~1
14~16	Text	m_1_1	阵列依序为 0~2

续表 25.10

标志	种类	名称	设计模式下的属性
17	MSComm	MSComm1	1. CommPort=1 2. DTREnable=False 3. Setting=9600,n,7,1 4. RTSEnable=False
18	Gif89a	title_gif	FileName=C:\fx_edu\picture\2.gif

注：所有的 Text 控件的 Visible 属性为 False。

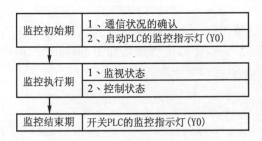

图 25.19 监控的流程

VB 的监控画面设计完成后，接下来即是程序的设计，说明程序的设计方法前先介绍本实例的监控流程，如图 25.19 所示。

图 25.19 中，监控初始期及结束期的执行项目详见 25.1 节的应用；监控执行期中，其可分为监控状态及控制状态。

1. 监控状态

监控状态的执行内容如下所示。

1）循环检测

循环检测的方法可分为半双工式、全双工(I)式及全双工(II)式，这些循环检测的方法，除了参考第 22 章内容外，本书也会分别于后续小节中详细说明。

2）接收数据的确认

详见 22.2 节的内容。

3）Times Out

详见 22.3 节的内容。

4）监控画面的显示

本实例采用管道式，其应用方法详见第 24 章的说明。

5）图形的监控模式

本实例中用于监控的画面以图形的方式来表现。

2. 控制状态

监控执行期的控制状态中执行内容为：

1）外部控制

详见 23.2 及 23.3 节的介绍。

2）PC-BASE

本实例中，当监控到干燥机的温度大于 70℃时，计算机会关闭干燥机的运行指示灯及压缩空气的截止阀，并且启动干燥机的异常指示灯。

3）图形的控制模式

本实例中，除了利用 write_bit 或 write_word 控制 PLC 外，也会利用 25.2 节中建立的开关图形来控制 PLC。

FX系列PLC的链接通信及VB图形监控

VB程序的执行方式都是以控件发生的事件来执行的,本实例中,仅循环检测所需的事件有所不同,而其他事件中所要执行的项目,如下所述:

1) 监控初始期

其程序执行所须的事件为 Form_Load。

2) 监控结束期

其程序执行所须的事件为 Form_Unload。

3) Times Out

其程序执行所须的事件为 Timer_Timer,所以须增加名称为 times_out_timer 的 Timer 控件,且于设计模式下 Enabled=False;Interval=60 000。

4) 用于监控的图形显示方式

除了空气压力与时间的曲线表外,其他都是以"管道"的 Change 事件方式执行;而空气压力与时间的曲线表程序执行所需的事件为 Timer_Timer,所以须增加名称为 pressure_timer 的 Timer 控件,且设计模式下 Enabled=False;Interval=60 000。

5) 外部控制

① 若以 write_bit 或 write_word 用于控制 PLC,则都是以 Label_Click 来执行。

② 若以图形用于控制 PLC,则都是以 Image_Click 来执行。

③ 若以滚动条用于控制 PLC 时,则都是以 HScrollBar_Change 来执行,且滚动条移动值的显示是以 HScrollBar_Scroll 来执行。

6) PC‑BASE

PLC 的程序执行中是以时间来驱动程序的扫描,同样在 VB 中若要有 PC‑BASE 的功能,也可以用 Timer_Timer 事件执行其程序,所以须增加名称为 action_timer 的 Timer 控件,且于设计模式下 Enabled=False;Interval=100。

本实例中对于循环检测所需要的事件会分别于后续的小节说明,且须载入第 20 章中建立的程序以及第 23.2 与 23.3 节中建立的 write_bit 及 write_word 对话框。

25.4 半双工的图形监控系统

本节采用半双工方式用于循环检测,所以其程序执行所需要的事件为 Timer_Timer,须增加名称为 send_0_1 的 Timer 控件,且于设计模式下 Enabled=False,Interval=1。本实例以半双工方式设计的监控系统中 main_form 程序如下所示。

本节所建立的监控系统中,写入 PLC 元件后,可将监控中的显示结果用于写入的确认,所以在 write_bit 及 write_word 对话框中,可减少程序的设计及提高监控的响应速度,而 write_bit 对话框的程序及 write_word 对话框的程序如下所示。

```
47  Option Explicit
48  Dim m0_0_1 As Byte                    ;用于表示 0 号 PLC 的 M0 状态
49  Dim m3_0_1 As Byte                    ;用于表示 0 号 PLC 的 M3 状态
50  Dim m5_0_1 As Byte                    ;用于表示 0 号 PLC 的 M5 状态
51  Dim m10_0_1 As Byte                   ;用于表示 0 号 PLC 的 M10 状态
52  ;决定是否要有 word_hsc_change 事件,0 表示不要,1 表示要
53  Dim word_hsc_value As Byte
```

```
54    Dim time_pre(21) As String * 11            ;存储时间-压力曲线中的时间值
55    Dim pressure_pre(21) As Byte               ;存储时间-压力曲线中的压力值
56    Dim times_pre As Byte                      ;表示时间-压力曲线中数据的次数
57    Dim comu_0_1 As Double                     ;用于存储COM1对0号PLC的低循环检测次数
58    Dim comu_1_1 As Double                     ;用于存储COM1对1号PLC的循环检测次数
59    Private Sub Form_Load()
60    ;word_hsc_change 不可做写入的动作
61      word_hsc_value = 0
62      MSComm1.PortOpen = True
63    ;确认0号PLC的通信状况
64      Dim tt_data As String * 2
65      MSComm1.Output = Chr(5) + "00FFTT007ABCDEFG07"
66      Call tt_chk(tt_data)
67      If Not (tt_data = "ok") Then
68       MsgBox "无法于0号PLC进行通信,请重新检查通信线路后," + _
69        "再执行监控系统", 16, "通信异常"
70       End
71      End If
72    ;确认1号PLC的通信状况
73      MSComm1.Output = Chr(5) + "01FFTT007ABCDEFG08"
74      Call tt_chk(tt_data)
75      If Not (tt_data = "ok") Then
76       MsgBox "无法于1号PLC进行通信,请重新检查通信线路后," + _
77        "再执行监控系统", 16, "通信异常"
78       End
79      End If
80    ;启动0号PLC的监控指示灯
81      Dim ack_data As String * 2
82      MSComm1.Output = Chr(5) + "00FFBWOY000001160"
83      Call ack_chk(ack_data)
84      If Not (ack_data = "ok") Then
85       MsgBox "无法启动0号PLC的监控指示灯,请重新检查通信线" + _
86        "路后,再执行监控系统", 16, "通信异常"
87       End
88      End If
89    ;启动1号PLC的监控指示灯
90      MSComm1.Output = Chr(5) + "01FFBWOY000001161"
91      Call ack_chk(ack_data)
92      If Not (ack_data = "ok") Then
93       MsgBox "无法启动1号PLC的监控指示灯,请重新检查通" +
94        "信线路后,再执行监控系统", 16, "通信异常"
95       End
96      End If
```

```
97        ;将压力曲线图的时间坐标值清除
98        Dim i As Byte
99        For i = 0 To 4
100           time_pressure(i) = ""
101       Next i
102       ;设置压力曲线图的线条参数
103       d101_0_1_3.DrawWidth = 2
104       d101_0_1_3.ForeColor = QBColor(4)
105       ;设置压力曲线图用的数据记录的阵列起点为(1)
106       times_pre = 1
107       ;开始记录压力曲线图的时间
108       d101_0_1_3.CurrentX = 0
109       d101_0_1_3.CurrentY = 0
110       time_pressure(0).Caption = Time()
111       ;开始循环检测的监控
112       send_0_1.Enabled = True
113       times_out_timer.Enabled = True
114       ;开始记录压力曲线图
115       pressure_timer.Enabled = True
116       d101_0_1_3.AutoRedraw = True
117       ;开始 PC - BASE 的控制
118       action_timer.Enabled = True
119    End Sub
120    ;关闭 PLC 的监控指示灯
121    Private Sub Form_Unload(Cancel As Integer)
122       Dim ack_data As String * 2
123       MSComm1.Output = Chr(5) + "00FFBW0Y00000105F"
124       Call ack_chk(ack_data)
125       If Not (ack_data = "ok") Then
126           MsgBox "无法确定是否已关闭 0 号 PLC 的监控指示灯", 16, _
127              "通信异常"
128           End
129       End If
130       MSComm1.Output = Chr(5) + "01FFBW0Y000001060"
131       Call ack_chk(ack_data)
132       If Not (ack_data = "ok") Then
133           MsgBox "无法确定是否已关闭 1 号 PLC 的监控指示灯", 16, _
134              "通信异常"
135           End
136       End If
137    End Sub
138    ;PC 传送要求通信的通信(半双工式)
139    Private Sub send_0_1_Timer()
```

```
140    ;word_hsc_change 可作写入的动作
141        word_hsc_value = 1
142    ;传送要求通信的通信
143        Dim in_buffer As String
144        MSComm1.Output = Chr(5) + "00FFWR3D01000330"
145        Call stx_receive(in_buffer)
146        MSComm1.Output = Chr(5) + "01FFWR3D01000230"
147        Call stx_receive(in_buffer)
148    End Sub
149    ;PC 读取 PLC 所传送的数据(半双工式)
150    Public Sub stx_receive(in_buffer)
151        Dim delay_time As Double
152        Dim delay_start As Double
153        Dim delay_chk As Double
154        delay_time = 0.1
155        delay_start = Timer
156        Do
157            delay_chk = delay_start + delay_time
158    ;读取时机
159        Loop Until Timer > delay_chk
160        in_buffer = MSComm1.Input
161    ;确认 PLC 回应数据通信时是否受到干扰
162    ;将接收的数据分别依 PLC 编号显示于第 1 阶的管道
163        If stx_chk(in_buffer) = 1 Then
164            Select Case Mid(in_buffer, 2, 2)
165              Case "00"
166                    cycle_0_1.Text = in_buffer
167                    comu_0_1 = 1 + comu_0_1
168              Case "01"
169                    cycle_1_1.Text = in_buffer
170                    comu_1_1 = 1 + comu_1_1
171            End Select
172        End If
173    End Sub
174    ;确认 1 分钟内各台 PLC 的循环检测次数
175    Private Sub times_out_timer_Timer()
176        If comu_0_1 < 60 Then
177    ;启动通信异常的警报器
178            MSComm1.DTREnable = True
179            MsgBox "发生 Times-Out,请检查 0 号 PLC 的通信状况", 16, _
180                "通信异常"
181        End If
```

```
182     If comu_1_1 < 60 Then
183       MSComm1.DTREnable = True
184       MsgBox "发生 Times-Out,请检查 1 号 PLC 的通信状况", 16, _
185       "通信异常"
186     End If
187     comu_0_1 = 0: comu_1_1 = 0
188 End Sub
189 ;关闭通信异常的警报器
190 Privat Sub MSComm1_OnComm()
191     If MSComm1.CDHolding Then MSComm1.DTREnable = False
192 End Sub
193 ;0 号 PLC 第 1 阶的管道数据变更时才转入第 2 阶的管道
194 Private Sub cycle_0_1_Change()
195     Dim i As Byte
196     For i = 0 To 2
197       d_0_1(i).Text = Mid(cycle_0_1.Text, 6 + i * 4, 4)
198     Next i
199 End Sub
200 ;0 号 PLC 第 2 阶的管道数据有变更时才转入第 3 阶的管道
201 ;及数据的监控
202 Private Sub d_0_1_Change(Index As Integer)
203     Select Case Index
204       Case 0
205         Dim i As Byte
206         Dim cycle_m As String * 16
207         cycle_m = hex_bit(d_0_1(Index).Text)
208         For i = 0 To 5
209           m_0_1(i).Text = Mid(cycle_m, 16 - i, 1)
210         Next i
211       Case 1
212         d101_0_1.Caption = hex_doc(d_0_1(Index))
213       Case 2
214         Dim pi As Single
215         Dim angle_value As Single
216         Dim line_x2 As Single
217         Dim line_y2 As Single
218         pi = 0.0174532
219         angle_value = (240 - 10 * hex_doc(d_0_1(Index))) * pi
220         line_x2 = 40 * Cos(angle_value)
221         line_y2 = 40 * Sin(angle_value)
222         With d102_0_1
223           .X2 = line_x2
```

```
224          .Y2 = line_y2
225       End With
226  ;word_hsc_change 不可作写入的动作
227       word_hsc_value = 0
228       word_hsc(0).Value = hex_doc(d_0_1(Index))
229       word_hsc_1(0).Caption = hex_doc(d_0_1(Index))
230  End Select
231  End Sub
232  ;监控 0 号 PLC 的位元件的状态
233  Private Sub m_0_1_Change(Index As Integer)
234  Select Case Index
235     Case 0
236        m100_0_1.FileName = IIf(m_0_1(Index) = "0", _
237          "C:\fx_edu\picture\6-2.gif", _
238          "C:\fx_edu\picture\6-1.gif")
239        bit_ima(0).Picture = IIf(m_0_1(Index) = "0", _
240          LoadPicture("C:\fx_edu\picture\9-1.gif"), _
241          LoadPicture("C:\fx_edu\picture\9-2.gif"))
242        m0_0_1 = IIf(m_0_1(Index) = "0", 0, 1)
243     Case 1
244        m101_0_1.FileName = IIf(m_0_1(Index) = "0", _
245          "C:\fx_edu\picture\5-2.gif", _
246          "C:\fx_edu\picture\5-1.gif")
247        bit_ima(1).Picture = IIf(m_0_1(Index) = "0", _
248          LoadPicture("C:\fx_edu\picture\9-1.gif"), _
249          LoadPicture("C:\fx_edu\picture\9-2.gif"))
250        m3_0_1 = IIf(m_0_1(Index) = "0", 0, 1)
251     Case 2
252        m102_0_1.FileName = IIf(m_0_1(Index) = "0", _
253          "C:\fx_edu\picture\6-2.gif", _
254          "C:\fx_edu\picture\6-1.gif")
255        bit_ima(2).Picture = IIf(m_0_1(Index) = "0", _
256          LoadPicture("C:\fx_edu\picture\10-1.gif"), _
257          LoadPicture("C:\fx_edu\picture\10-2.gif"))
258        m5_0_1 = IIf(m_0_1(Index) = "0", 0, 1)
259     Case 3
260        m103_0_1.FileName = IIf(m_0_1(Index) = "0", _
261          "C:\fx_edu\picture\5-2.gif", _
262          "C:\fx_edu\picture\5-1.gif")
263        bit_ima(3).Picture = IIf(m_0_1(Index) = "0", _
264          LoadPicture("C:\fx_edu\picture\10-1.gif"), _
265          LoadPicture("C:\fx_edu\picture\10-2.gif"))
```

```vb
266         m10_0_1 = IIf(m_0_1(Index) = "0", 0, 1)
267       Case 4
268         m104_0_1.FillColor = IIf(m_0_1(Index) = "0", _
269             QBColor(14), QBColor(9))
270       Case 5
271         m105_0_1.Visible = IIf(m_0_1(Index) = "0", 0, 1)
272     End Select
273 End Sub
274 ;1号PLC第1阶的管道数据有变更时才转入第2阶的管道
275 Private Sub cycle_1_1_Change()
276     Dim i As Byte
277     For i = 0 To 1
278         d_1_1(i).Text = Mid(cycle_1_1.Text, 6 + i * 4, 4)
279     Next i
280 End Sub
281 ;1号PLC第2阶的管道数据有变更时才转入第3阶的管道
282 Private Sub d_1_1_Change(Index As Integer)
283     Select Case Index
284       Case 0
285         Dim i As Byte
286         Dim cycle_m As String * 16
287         cycle_m = hex_bit(d_1_1(Index).Text)
288         For i = 0 To 2
289             m_1_1(i).Text = Mid(cycle_m, 16 - i, 1)
290         Next i
291       Case 1
292         Dim line_y2 As Single
293         line_y2 = 0.53 * hex_doc(d_1_1(Index))
294         d101_1_1.Y2 = line_y2
295 ;word_hsc_change不可作写入的动作
296         word_hsc_value = 0
297         word_hsc(1).Value = hex_doc(d_1_1(Index))
298         word_hsc_1(1).Caption = hex_doc(d_1_1(Index))
299     End Select
300 End Sub
301 ;监控1号PLC的位元件的状态
302 Private Sub m_1_1_Change(Index As Integer)
303     Select Case Index
304       Case 0
305         m100_1_1.FillColor = IIf(m_1_1(Index) = "0", _
306             QBColor(15), QBColor(2))
307       Case 1
```

```vb
308       m101_1_1.FillColor = IIf(m_1_1(Index) = "0", _
309         QBColor(15), QBColor(4))
310     Case 2
311       m102_1_1.FillColor = IIf(m_1_1(Index) = "0", _
312         QBColor(14), QBColor(9))
313       m102_1_1_1.Visible = IIf(m_1_1(Index) = "0", 0, 1)
314   End Select
315 End Sub
316 ;显示值
317 Private Sub word_hsc_Scroll(Index As Integer)
318   word_hsc_1(Index).Caption = word_hsc(Index).Value
319 End Sub
320 ;word 元件写入
321 Private Sub word_hsc_Change(Index As Integer)
322   If word_hsc_value = 1 Then
323 ;停止循环检测
324     send_0_1.Enabled = False
325     Dim send_string As String
326     Dim send_chksum As String * 2
327     Dim ack_data As String * 2
328     Select Case Index
329       Case 0
330         send_string = "00FFWW0D002101" + _
331           doc_hex(word_hsc(Index).Value)
332 ;改写管道使得 d_0_1(2)_change 事件可发生
333         d_0_1(2).Text = doc_hex(word_hsc(Index).Value)
334       Case 1
335         send_string = "01FFWW0D003301" + _
336           doc_hex(word_hsc(Index).Value)
337 ;改写管道使得 d_0_1(2)_change 事件可发生
338         d_1_1(1).Text = doc_hex(word_hsc(Index).Value)
339     End Select
340     send_chksum = chksum(send_string)
341     MSComm1.Output = Chr(5) + send_string + send_chksum
342 ;启动循环检测
343     send_0_1.Enabled = True
344   End If
345 End Sub
346 ;word 元件写入
347 Private Sub word_lab_Click()
348   Load write_word
349   write_word.Label2.Caption = "00"
```

```vb
350     write_word.Label4.Caption = "D0012"
351     write_word.Label6.Caption = "0000"
352     write_word.Label8.Caption = "0050"
353     write_word.Show 1
354 End Sub
355 ;位元件写入
356 Private Sub bit_ima_Click(Index As Integer)
357   ;停止循环检测
358     send_0_1.Enabled = False
359     Dim send_string As String
360     Dim send_chksum As String * 2
361     Select Case Index
362       Case 0
363         send_string = IIf(m0_0_1 = 0, "00FFBW0M0000011", _
364           "00FFBW0M0000010")
365       Case 1
366         send_string = IIf(m3_0_1 = 0, "00FFBW0M0003011", _
367           "00FFBW0M0003010")
368       Case 2
369         send_string = IIf(m5_0_1 = 0, "00FFBW0M0005011", _
370           "00FFBW0M0005010")
371       Case 3
372         send_string = IIf(m10_0_1 = 0, "00FFBW0M0010011", _
373           "00FFBW0M0010010")
374     End Select
375     send_chksum = chksum(send_string)
376     MSComm1.Output = Chr(5) + send_string + send_chksum
377   ;启动循环检测
378     send_0_1.Enabled = True
379 End Sub
380 ;位元件写入
381 Private Sub bit_lab_Click(Index As Integer)
382     Dim write_name(4) As String * 8
383     write_name(0) = "00_Y0001"
384     write_name(1) = "00_Y0006"
385     write_name(2) = "01_Y0007"
386     write_name(3) = "01_Y0010"
387     write_name(4) = "01_Y0011"
388     Load write_bit
389     write_bit.Label2.Caption = Left(write_name(Index), 2)
390     write_bit.Label4.Caption = Right(write_name(Index), 5)
391     write_bit.Show 1
```

```
392  End Sub
393  ;显示空气压力的饱和比例
394  Private Sub d101_0_1_Change()
395    Dim rate_value As Single
396    Dim rate_string As String * 4
397    d101_0_1_1.Height = d101_0_1.Caption * 95 / 50
398    d101_0_1_1.Top = d101_0_1.Caption * 95 / 50
399    rate_value = d101_0_1.Caption * 100 / 50
400    rate_string = rate_value
401    d101_0_1_2.Caption = rate_string + "%"
402  End Sub
403  ;记录(压力-时间)
404  Private Sub pressure_timer_Timer()
405    Dim i As Byte
406    time_pre(times_pre) = Time()
407    pressure_pre(times_pre) = d101_0_1.Caption
408    If times_pre < 21 Then
409  ;当曲线图未满时则持续绘制曲线
410      d101_0_1_3.Line -(times_pre * 45.35, 15.5 * _
411        pressure_pre(times_pre))
412      If times_pre = 5 Or times_pre = 10 Or times_pre = 15 Or _
413        times_pre = 20 Then
414        time_pressure(times_pre / 5).Caption = _
415          time_pre(times_pre)
416      End If
417    Else
418  ;当曲线图已满时,则将曲线数据的记录用阵列(11)@(Error)移转至(0)
         @(Error)
419      For i = 0 To 10
420        time_pre(i) = time_pre(i + 11)
421        pressure_pre(i) = pressure_pre(i + 11)
422      Next i
423  ;绘制 00 的阵列数据之曲线图
424      d101_0_1_3.Cls
425      d101_0_1_3.CurrentX = 0
426      d101_0_1_3.CurrentY = 15.5 * pressure_pre(0)
427      For i = 1 To 10
428        d101_0_1_3.Line -((i) * 45.35, 15.5 * _
429          pressure_pre(i))
430      Next i
431  ;x 坐标的时间值转换
432      For i = 0 To 2
```

```
433         time_pressure(i).Caption = time_pre(i * 5)
434     Next i
435     time_pressure(3).Caption = ""
436     time_pressure(4).Caption = ""
437 ;重新设置用于曲线数据记录的阵列起点
438     times_pre = 10
439     End If
440     times_pre = 1 + times_pre
441 End Sub
442 ;通信状况测试
443 Public Sub tt_chk(tt_data)
444     Dim in_buffer As String
445     Dim delay_time As Double
446     Dim delay_start As Double
447     Dim delay_chk As Double
448     delay_time = 0.1
449     delay_start = Timer
450     Do
451       delay_chk = delay_start + delay_time
452     Loop Until Timer > delay_chk
453     in_buffer = MSComm1.Input
454     If Mid(in_buffer, 8, 7) = "ABCDEFG" Then tt_data = "ok"
455 End Sub
456 ;通信状况的确认
457 Public Sub ack_chk(ack_data)
458     Dim in_buffer As String
459     Dim delay_time As Double
460     Dim delay_start As Double
461     Dim delay_chk As Double
462     delay_time = 0.1
463     delay_start = Timer
464     Do
465       delay_chk = delay_start + delay_time
466     Loop Until Timer > delay_chk
467     in_buffer = MSComm1.Input
468     If Left(in_buffer, 1) = Chr(6) Then ack_data = "ok"
469 End Sub
470 ;PC-BASE的判定
471 Private Sub action_timer_Timer()
472 If word_hsc_value = 1 Then
473     word_hsc_value = 1
474     Dim action_value As String
```

```
475     If hex_doc(d_1_1(1).Text) > 70 Then
476         action_value = "0"
477         Call y7_1_1_action(action_value)
478         action_value = "1"
479         Call y10_1_1_action(action_value)
480     End If
481 End If
482 End Sub
483 ;PC-BASE 的动作
484 Public Sub y7_1_1_action(action_value)
485 ;停止循环检测
486     send_0_1.Enabled = False
487     Dim send_string As String
488     Dim send_chksum As String * 2
489     send_string = "01FFBW0Y000701" + action_value
490     send_chksum = chksum(send_string)
491     MSComm1.Output = Chr(5) + send_string + send_chksum
492     m_1_1(0).Text = action_value
493 ;启动循环检测
494     send_0_1.Enabled = True
495 End Sub
496 ;PC-BASE 的动作
497 Public Sub y10_1_1_action(action_value)
498 ;停止循环检测
499     send_0_1.Enabled = False
500     Dim send_string As String
501     Dim send_chksum As String * 2
502     send_string = "01FFBW0Y001001" + action_value
503     send_chksum = chksum(send_string)
504     MSComm1.Output = Chr(5) + send_string + send_chksum
505     m_1_1(1).Text = action_value
506 ;启动循环检测
507     send_0_1.Enabled = True
508 End Sub
```

write_bit 的程序如下所示。

```
1 Option Explicit
2 ;初始参数的设置
3 Private Sub Form_Load()
4     MSComm1.CommPort = main_form.MSComm1.CommPort
5     MSComm1.Settings = main_form.MSComm1.Settings
6     Option2.Value = True
```

```
7    End Sub
8    ;写入元件值之动作
9    Private Sub Command1_Click()
10     Dim send_d As String
11     Dim ack_data As String * 2
12     Dim msg_data As String
13     main_form.send_0_1.Enabled = False
14     main_form.MSComm1.PortOpen = False
15     MSComm1.PortOpen = True
16     If Option1.Value = True Then
17       send_d = Label2.Caption + "FFBW0" + Label4.Caption + _
18         "011"
19     End If
20     If Option2.Value = True Then
21       send_d = Label2.Caption + "FFBW0" + Label4.Caption + _
22         "010"
23     End If
24   ;传送通信
25     MSComm1.Output = Chr(5) + send_d + chksum(send_d)
26   ;关闭显示窗口并回到主画面
27     MSComm1.PortOpen = False
28     main_form.MSComm1.PortOpen = True
29     main_form.send_0_1.Enabled = True
30     Unload write_bit
31   End Sub
32   ;取消动作
33   Private Sub Command2_Click()
34     Unload write_bit
35   End Sub
```

write_word 的程序如下所示。

```
1    Option Explicit
2    ;初始参数的设置
3    Private Sub Form_Load()
4      MSComm1.CommPort = main_form.MSComm1.CommPort
5      MSComm1.Settings = main_form.MSComm1.Settings
6    End Sub
7    ;限制只能输入正整数
8    Private Sub Text1_KeyPress(KeyAscii As Integer)
9      If KeyAscii < 48 Or KeyAscii > 57 Then KeyAscii = 0
10   End Sub
11   ;写入元件值之动作
```

```
12  Private Sub Command1_Click()
13    Dim send_d As String
14    Dim ack_data As String
15    Dim msg_data As String
16    Dim min_value As Long
17    Dim max_value As Long
18    Dim set_value As Long
19    min_value = Label6.Caption
20    max_value = Label8.Caption
21  ;确认是否无输入值
22    If Text1.Text = "" Then
23      MsgBox "请输入值",16,"错误"
24    Else
25  ;比对输入值与范围值是否正确
26      set_value = Text1.Text
27      If set_value < min_value Or set_value > max_value Then
28  ;错误时警告并要求重新输入
29        msg_data = "请输入" + Label6.Caption + "至" + _
30          Label8.Caption + "的值"
31        MsgBox msg_data,16,"错误"
32        Text1.SetFocus
33        SendKeys "{Home} + {End}"
34      Else
35  ;正确时开始写入 PLC 元件值
36        send_d = Label2.Caption + "FFWW0" + _
37          Label4.Caption + "01" + doc_hex(Text1.Text)
38        main_form.send_0_1.Enabled = False
39        main_form.MSComm1.PortOpen = False
40        MSComm1.PortOpen = True
41  ;传送通信
42        MSComm1.Output = Chr(5) + send_d + chksum(send_d)
43  ;关闭显示窗口并回到主画面
44        MSComm1.PortOpen = False
45        main_form.MSComm1.PortOpen = True
46        main_form.send_0_1.Enabled = True
47        Unload write_word
48      End If
49    End If
50  End Sub
51  ;取消动作
52  Private Sub Command2_Click()
53    Unload write_word
54  End Sub
```

25.5 全双工(I)的图形监控系统

本节采用全双工(I)方式用于循环检测且有2个PLC用于监控,所以必须增设2个Timer控件,并以Timer_Timer来传送要求通信的通信程序,须增加名称为send_0_1的Timer控件来用于计算机对0号PLC的发送通信,以及增加名称为send_1_1的Timer控件用于计算机对1号PLC的发送通信,而这两个Timer于设计模式下Enabled=False,Interval=1。

同时,再增加名称为receive_1的Timer控件用于计算机读取PLC所发送的数据,而此Timer于设计模式下的属性为Enabled=False,Interval=1。本实例以全半双(I)设计的监控系统,与25.4节仅有"循环检测"及"通信形式"的差异,本节设计的程序,如下所述。

① 取消第25.4节的send_0_1_Timer内的所有程序。
② 取消第25.4节的stx_receive副程序。
③ 在计算机所有的传送数据最后加上CR及LF控制码。
④ main_form对话框内增加全双工(I)所用的循环检测程序,如下列程序。

```
1   ;PC要求0号PLC的监控通信(全双工式)
2   Private Sub send_0_1_Timer()
3   ;word_hsc_change 可作写入的动作
4     word_hsc_value = 1
5   ;传送要求通信的通信
6     MSComm1.Output = Chr(5) + "00FFWR3D01000330" + _
7         Chr(13) + Chr(10)
8     send_1_1.Enabled = True
9     send_0_1.Enabled = False
10  End Sub
11  ;PC要求1号PLC的监控通信(全双工式)
12  Private Sub send_1_1_Timer()
13    MSComm1.Output = Chr(5) + "01FFWR3D01000230" + _
14       Chr(13) + Chr(10)
15    send_0_1.Enabled = True
16    send_1_1.Enabled = False
17  End Sub
18  ;PC读取PLC所传送的数据(全双工式)
19  Private Sub receive_1_Timer()
20    Dim delay_time As Double
21    Dim delay_start As Double
22    Dim in_buffer As String
23    delay_time = 0.5
24    delay_start = Timer
25  ;读取时机
26    Do
```

```
27          in_buffer = in_buffer + MSComm1.Input
28      Loop Until InStr(in_buffer, vbCrLf) Or _
29          Timer > delay_start + delay_time
30  ;确认 PLC 回应数据,其通信时是否有受到干扰
31  ;将接收的数据分别依 PLC 编号显示于第 1 阶的管道
32      If stx_chk(in_buffer) = 1 Then
33          Select Case Mid(in_buffer, 2, 2)
34              Case "00"
35                  cycle_0_1.Text = in_buffer
36                  comu_0_1 = 1 + comu_0_1
37              Case "01"
38                  cycle_1_1.Text = in_buffer
39                  comu_1_1 = 1 + comu_1_1
40          End Select
41      End If
42  End Sub
```

25.6 全双工(II)的图形监控系统

本节中设计的监控系统为第 25.4 节及第 25.5 节的混合应用,若以第 25.5 节设计的监控系统为基础,则本节所需要的修改内容如下所述:

① 在第 22 章的全双工(II)循环检测说明中,须修正 send0_1 及 send_1_1 的 Timer 控件的计时时间,所以应于设计模式下将其计时时间改为 10。

② 因全双工(II)的通信形式为形式 1,所以应取消在计算机所有的传送数据上的 CR 及 LF 控制码。

③ 用于循环检测的 Timer 控件与 25.5 节相同,但因采用全双工(II)方式,所以取消 receive_1 的 Timer 控件,并且取消 write_bit 及 write_word 内有关 receive_1 的程序;同时本节是以 MSComm1_OnComm 作为读取 PLC 传送的数据,其程序如下所示。

```
1   ;PC 读取 PLC 所传送的数据及关闭通信异常的警报器
2   Private Sub MSComm1_OnComm()
3       If MSComm1.CDHolding Then MSComm1.DTREnable = False
4       If MSComm1.CommEvent = comEvReceive Then
5           Dim in_buffer As String
6           in_buffer = MSComm1.Input
7   ;确认 PLC 回应数据通信时是否有受到干扰
8   ;将接收的数据分别依 PLC 编号显示于第 1 阶的管道
9           If stx_chk(in_buffer) = 1 Then
10              Select Case Mid(in_buffer, 2, 2)
11                  Case "00"
12                      cycle_0_1.Text = in_buffer
```

```
13            comu_0_1 = 1 + comu_0_1
14          Case "01"
15            cycle_1_1.Text = in_buffer
16            comu_1_1 = 1 + comu_1_1
17          End Select
18        Else
19          send_0_1.Enabled = False
20          send_1_1.Enabled = False
21          MSComm1.PortOpen = False
22          MSComm1.PortOpen = True
23          MSComm1.InBufferCount = 0
24          send_0_1.Enabled = True
25        End If
26      End If
27   End Sub
```

④ 本节对监控初始其的执行项目以第 25.4 节的 Form_Load 为基础,但因全双工(Ⅱ)必须设置 MSComm1 的 Rthreshold 及 InputLen 属性,所以应修改本节 Form_Load 内的程序;且因 tt_chk 及 ack_chk 副程序读取时机为延迟式,所以也要修改这两个副程序,如下所示:

```
1   Private Sub Form_Load()
2   ;word_hsc_change 不可作写入的动作
3     word_hsc_value = 0
4     MSComm1.PortOpen = True
5   ;确认 0 号 PLC 的通信状况
6     Dim tt_data As String * 2
7     MSComm1.Output = Chr(5) + "00FFTT007ABCDEFG07"
8     Call tt_chk(tt_data)
9     If Not (tt_data = "ok") Then
10      MsgBox "无法于 0 号 PLC 进行通信,请重新检查通信线路后," + _
11        "再执行监控系统", 16, "通信异常"
12      End
13    End If
14  ;确认 1 号 PLC 的通信状况
15    MSComm1.Output = Chr(5) + "01FFTT007ABCDEFG08"
16    Call tt_chk(tt_data)
17    If Not (tt_data = "ok") Then
18      MsgBox "无法于 1 号 PLC 进行通信,请重新检查通信线路后," + _
19        "再执行监控系统", 16, "通信异常"
20      End
21    End If
22  ;启动 0 号 PLC 的监控指示灯
23    Dim ack_data As String * 2
```

```
24      MSComm1.Output = Chr(5) + "00FFBW0Y000001160"
25      Call ack_chk(ack_data)
26      If Not (ack_data = "ok") Then
27          MsgBox "无法启动 0 号 PLC 的监控指示灯,请重新检查通信" + _
28          "线路后,再执行监控系统",16,"通信异常"
29          End
30      End If
31  ;启动 1 号 PLC 的监控指示灯
32      MSComm1.Output = Chr(5) + "01FFBW0Y000001161"
33      Call ack_chk(ack_data)
34      If Not (ack_data = "ok") Then
35          MsgBox "无法启动 1 号 PLC 的监控指示灯,请重新检查通信" + _
36          "线路后,再执行监控系统",16,"通信异常"
37          End
38      End If
39  ;将压力曲线图的时间坐标值清除
40      Dim i As Byte
41      For i = 0 To 4
42          time_pressure(i) = ""
43      Next i
44  ;设置压力曲线图的线条参数
45      d101_0_1_3.DrawWidth = 2
46      d101_0_1_3.ForeColor = QBColor(4)
47  ;设置用于压力曲线图的数据记录的阵列起点为(1)
48      times_pre = 1
49  ;开始记录压力曲线图的时间
50      d101_0_1_3.CurrentX = 0
51      d101_0_1_3.CurrentY = 0
52      time_pressure(0).Caption = Time()
53  ;开始循环检测的监控
54      MSComm1.PortOpen = False
55      MSComm1.RThreshold = 20
56      MSComm1.InputLen = 20
57      MSComm1.PortOpen = True
58      MSComm1.InBufferCount = 0
59      send_0_1.Enabled = True
60      times_out_timer.Enabled = True
61  ;开始记录压力曲线图
62      pressure_timer.Enabled = True
63      d101_0_1_3.AutoRedraw = True
64  ;开始 PC-BASE 的控制
65      action_timer.Enabled = True
```

```
66    End Sub
67    ;通信状况测试
68    Public Sub tt_chk(tt_data)
69        Dim in_buffer As String
70        Dim delay_time As Double
71        Dim delay_start As Double
72        Dim delay_chk As Double
73        delay_time = 0.1
74        delay_start = Timer
75        Do
76           delay_chk = delay_start + delay_time
77        Loop Until Timer > delay_chk
78        in_buffer = MSComm1.Input
79        If Mid(in_buffer, 8, 7) = "ABCDEFG" Then tt_data = "ok"
80    End Sub
81    ;通信状况的确认
82    Public Sub ack_chk(ack_data)
83        Dim in_buffer As String
84        Dim delay_time As Double
85        Dim delay_start As Double
86        Dim delay_chk As Double
87        delay_time = 0.1
88        delay_start = Timer
89        Do
90           delay_chk = delay_start + delay_time
91        Loop Until Timer > delay_chk
92        in_buffer = MSComm1.Input
93        If Left(in_buffer, 1) = Chr(6) Then ack_data = "ok"
94    End Sub
```

⑤ 全双工(II)的循环检测中，因 MSComm1 的 Rthreshold 及 InputLen 属性设置值为一个定量，所以应修改 send_1_1_Timer 内的程序，如下所示。

```
1    ;PC 要求 1 号 PLC 的监控通信(全双工式)
2    Private Sub send_1_1_Timer()
3        MSComm1.Output = Chr(5) + "01FFWR3D01000331"
4        send_0_1.Enabled = True
5        send_1_1.Enabled = False
6    End Sub
```

第 26 章 网络的应用

现今都利用区域网络进行数据的连结及共享,同样,前面建立的 PLC 集中监控系统也可以网络化。VB 中可以利用 Winsock 元件实现监控系统的网络化,其监控的关系如图 26.1 所示。其中,伺服端(Server)的计算机利用串行通信监控 PLC,并且利用网络线将监控的数据传输给各台浏览端(Client),从而使得各个浏览端也能监控 PLC。

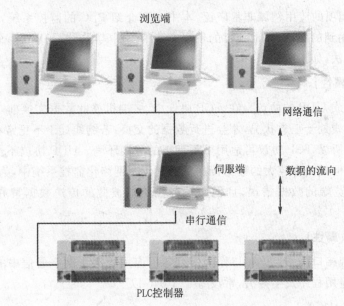

图 26.1 监控系统的网络化

26.1 Winsock 的简介

Winsock 元件与 MSComm 元件一样,都必须引用后才能被使用,其引用的方式如图 26.2 所示。

网络化的监控系统是利用监控 PLC 的终端机作为伺服端,且伺服端会将监控 PLC 的数据发送给各个浏览端,以达到网络化的监控系统;同时,各个浏览端会将欲控制 PLC 的数据传送给伺服端,再通过伺服端将此次数据写入 PLC,以达到网络化的控制系统。

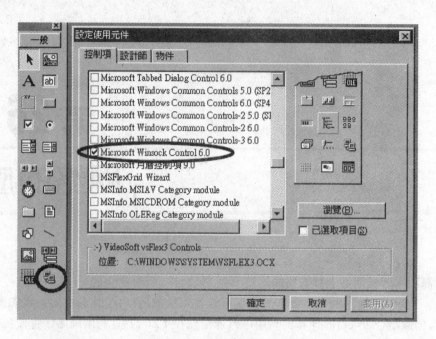

图 26.2　Winsock 的引用

Winsock 控制项的应用领域非常广泛,本书主要介绍 PLC 的监控系统,所以仅说明网络化的监控系统中用到的项目,其他项目的使用方法请参阅其他文献。Winsock 控件中,使用到的属性、事件及方法,如下所述。

1. Protocol(属性)

设置为 TCP 或 UDP 的协议。在 TCP 协议中,终端机彼此数据交换前,发送端先判定链接是否成功,若链线处于正常状况,才会进行数据的交换;若链线处于不正常状况,发送端会重复尝试建立链接,所以 TCP 协议可适用于不理想的链接环境。UDP 协议不像 TCP 一样具有错误的检核功能,但其具有较大的数据传送量的优点。网络化监控系统中,为避免因为网络的断信而造成的浏览端的数据错误,且伺服端与浏览端彼此的传送数据量并不大时,常采用 TCP 协议。

2. LocalPort(属性)

设置本机的连接口编号。连接口作为区分各项应用程序于网络通信中的管道,所以编号必须避免与其他应用程序发生冲突,常设置于 1 045 以上。

3. RemotePort(属性)

设置主机要连接的终端机的连接口编号。采用 TCP 协议的监控系统时,伺服端须设置 LocalPort 属性,而各个浏览端须设置 RemotePort 属性,且两者的编号需相同。

4. RemoteHost(属性)

设置主机要连接的终端机的 IP 地址。采用 TCP 协议的监控系统时,伺服端无须设置 RemoteHost 属性,但各个浏览端则必须设置 RemoteHost 属性,且其值为伺服端的 IP 地址。IP 地址可"控制台→网络→组态→TCP/IP"取得,如图 26.3 所示。

5. State(属性)

传回 Winsock 控制项的执行状态。各个 State 值的意义如表 26.1 所列。

6. Accept(方法)

其仅适用于 TCP 协议中。网络化的监控系统中,各个浏览端的 IP 地址均不相同,所以在伺服端中,无法确定 RemoteHost 及 RemotePort 属性,因此必须利用 ConnectionRequest 事件(只要各浏览端要求连线,伺服端均会产生此一事件)来将浏览端传送的 RequestID(RequestID 会记录浏览端的 RemoteHostIP 及 RemotePort 等信息)以 Accept 方法产生一个 Winsock 控制项特有的处理值。

7. Close(方法)

关闭 TCP 连线。

8. GetData(方法)

取得主机接收的数据。

9. Listen(方法)

其仅适用于 TCP 协议中。网络化的监控系统中,伺服端所用的 Winsock 控制项(即有设置 LocalPort 属性的项目)须处于 Listen(监听)模式下,才可与各个浏览端进行数据的交换。

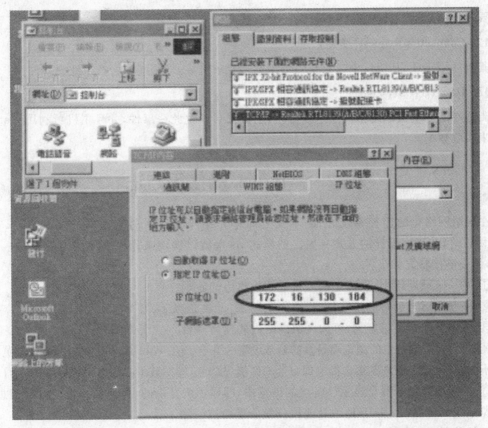

图 26.3　IP 地址的取得

表 26.1　State 各值的意义

常　数	值	意　义
sckClosed	0	关闭
sckOpen	1	开启
sckListening	2	聆听
sckConnectionPending	3	链接暂停执行
sckResolvingHost	4	识别主机
sckHostResolved	5	已识别主机
sckConnecting	6	正在链接
sckConnected	7	已链接
sckClosing	8	这台计算机正在关闭链接
sckError	9	错误

10. SendData(方法)

传送数据。

11. Connect(方法)

要求连接到远端计算机。

12. ConnectionRequest(事件)

其仅适用于 TCP 协议中。只要各个浏览端要求链接,伺服端均会产生此一事件。

13. DataArrival(事件)

当远端的终端机欲给主机发送数据时,主机就会产生此一事件,并且主机可利用 GetData 方法来接收数据。

26.2　Winsock 的使用方法

在说明网络化的监控系统之前,本文先简单介绍 Winsock 的使用方法。Winsock 采用 TCP 协议时,其程序设计的方式有固定的模式,这里就以实例来作说明此固定的模式。本实例中,假设链接状况如下:

① 在一区域网络中,以固定的一台终端机作为伺服端。
② 伺服端可与远端的终端机(视为浏览端)进行数据的交换。
③ 各浏览端是不指定的,可为区域网络内的任何一台。
④ 与伺服端链接中的浏览端最多的台数设置为 6 台。在 Winsock 的链接应用中,浏览端的台数不限制,但过多的浏览端会影响伺服端的性能,故浏览端的数量必须考虑伺服端的能力。
⑤ 伺服端能够于屏幕显示已链接的浏览端,即显示浏览端的 IP 地址及连接口等信息;且当浏览端脱离链接时,其 IP 地址及连接口等信息会被清除。

链接状况决定好后,即可以开始建立伺服端及浏览端的对话框画面并且设计所需要的程序,这些内容将在后续小节中介绍。

26.2.1 伺服端

伺服端的对话框,如图 26.4 所示。程序设计的模式如下:

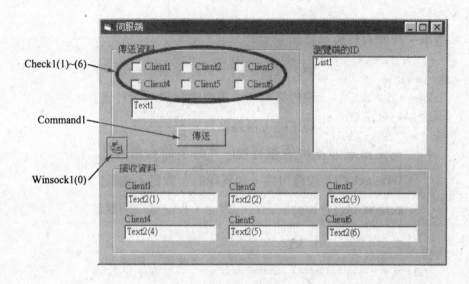

图 26.4 伺服端的对话框画面

1. Form_Load 事件(控制项的设置及载入)

设置主机中 Winsock 的属性,并将用于与浏览端数据交换的 Winsock 载入至寄存器,其程序如下所示。

```
1    Private Sub Form_Load()
2      Dim i As Byte
3      num_client = 6
4      Winsock1(0).Protocol = sckTCPProtocol
5      Winsock1(0).LocalPort = 1045
6      Winsock1(0).Listen
7      For i = 1 To num_client
8        Load Winsock1(i)
9      Next
10     Text1.Text = ""
11     For i = 1 To num_client
12       Text2(i).Text = ""
13     Next
14   End Sub
```

【注释】

① 第 3 行中,num_client 为允许最大链接的浏览端的数量,且因 num_client 于其他事件中都用到此一变量,所以应于程序的起始处,设置 num_client 为共享变量。

② 第 4 行中,设置主机所使用的 Winsock 属性,并处于监控模式。

③ 第 7 行中,将用于伺服端与浏览端数据交换的 Winsock 载入至寄存器。

2. Winsock1_ConnectionRequest 事件(建立浏览端的链接)

当浏览端要求与伺服端链接时,设置浏览端的 RemoteHostIP 及 RemotePort 等信息,其程序如下。

```
1   Private Sub Winsock1_ConnectionRequest _
2               (Index As Integer, ByVal requestID As Long)
3    Dim i As Byte
4    Dim temps As Byte
5    Dim client_id As String
6    For i = 1 To num_client
7      If Winsock1(i).State = sckClosed Then
8        Winsock1(i).Accept requestID
9        temps = i
10       Exit For
11     End If
12   Next
13   client_id = Winsock1(temps).RemoteHostIP &_
14           " " & Winsock1(temps).RemotePort
15   If Trim(client_id) <> "" Then
16     client_id = "<Client" & temps & ">" & client_id
17     List1.AddItem client_id
18   End If
19  End Sub
```

【注释】

① 第 6~12 行中,为浏览端提供未链接的 Winsock。

② 第 13~18 行中,以 client_id 变量暂存浏览端的信息,且显示于 ListBox 清单内。

3. Winsock1_Close 事件(浏览端的离线)

当浏览端离线时,释放 Winsock 控制项特有的处理值,其程序如下。

```
1   Private Sub Winsock1_Close(Index As Integer)
2    Dim i As Byte
3    Dim list_data As String * 1
4    For i = 1 To List1.ListCount
5      List1.ListIndex = i - 1
6      list_data = Mid(List1.Text, 8, 1)
7      If Val(list_data) = Index Then
8        List1.RemoveItem List1.ListIndex
9        List1.Refresh
10       Exit For
11     End If
```

```
12      Next
13      Winsock1(Index).Close
14      Unload Winsock1(Index)
15      Load Winsock1(Index)
16   End Sub
```

【注释】

① 第 4~12 行中，ListBox 清单中，清除离线的浏览端信息。

② 第 13~15 行中，释放离线的 Winsock 控制项特有的处理值。

4. Winsock1_DataArrival 事件（接收数据）

当浏览端欲发送数据给伺服端时，伺服端即接收数据，其程序如下所示。

```
1   Private Sub Winsock1_DataArrival _
2               (Index As Integer, ByVal bytesTotal As Long)
3      On Error Resume Next
4      Dim client_data As String
5      Winsock1(Index).GetData client_data, vbString
6      Text2(Index).Text = client_data
7   End Sub
```

【注释】

① 第 3 行中，若数据发送有错误，即停止接收数据。

② 第 5 行中，将接收的数据以字串类型暂存于 client_data 变量中。

③ 第 6 行中，显示接收的数据。

5. Command1_Click( )事件（发送数据）

传送数据给指定的浏览端，其程序如下所示。

```
1   Private Sub Command1_Click()
2      Dim i As Byte
3      For i = 1 To num_client
4         If Winsock1(i).State = sckConnected And Check1(i).Value = 1 Then
5            Winsock1(i).SendData Text1.Text
6            DoEvents
7         End If
8      Next
9   End Sub
```

【注释】

① 第 3~8 行中，当浏览端处于链接且被指定时，才进行数据的发送。

② 第 4 行中，若取消指定浏览端的条件，则发送数据给各个链接中的浏览端。

③ 第 5 行中，传送数据的程序不一定要以按钮驱动，可写于其他事件中，但必需确认 Winsock 是否处于正常状况下。

④ 第 6 行中，若传送的数据量大，会使得计算机执行时间过久，为避免其他应用程序无法

即时执行,可使用 DoEvents 暂时中断执行。

26.2.2 浏览端

浏览端的对话框画面,如图 26.5 所示,程序设计的模式如下所示。

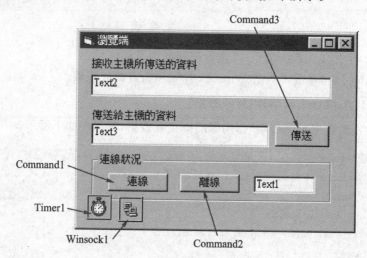

图 26.5 浏览端的对话框画面

1. Form_Load 事件(设置链接状况的检测时间)

设置一些控制项的初始属性,其程序如下所示。

```
1   Private Sub Form_Load()
2     Timer1.Interval = 3000
3     Timer1.Enabled = True
4     Text1.Text = "离线中!"
5     Text2.Text = ""
6     Text3.Text = ""
7   End Sub
```

【注释】

第 2 行中,Timer1 控件用于检测链接状况,检测时间为 0.5 s/次。

2. Command1_Click 事件(建立链接)

与伺服端链接,其程序如下所示。

```
1   Private Sub Command1_Click()
2     If Winsock1.State = sckClosed Then
3       Text2.Text = ""
4       Text3.Text = ""
5       Winsock1.Protocol = sckTCPProtocol
6       Winsock1.RemoteHost = "172.16.130.184"
```

```
7      Winsock1.RemotePort = 1045
8      Winsock1.Connect
9    End If
10   End Sub
```

【注释】

① 第 6~7 行中,设置伺服端的 IP 地址及链接口。

② 第 8 行中,与伺服端链接。

3. Command2_Click 事件(离线)

与伺服端离线,其程序如下所示。

```
1  Private Sub Command2_Click()
2    If Winsock1.State = sckConnected Then
3      Text2.Text = ""
4      Text3.Text = ""
5      Winsock1.Close
6    End If
7  End Sub
```

【注释】

第 5 行中,与伺服端离线。

4. Timer1_Timer 事件(检测链接状况)

检测及显示链接的状况,其程序如下所示。

```
1  Private Sub Timer1_Timer()
2    Select Case Winsock1.State
3      Case sckConnected
4        Text1.Text = "已链接!"
5      Case sckClosed
6        Text1.Text = "已离线!"
7      Case sckError
8        Text1.Text = "主机断线!"
9    End Select
10 End Sub
```

5. Command3_Click 事件(发送数据)

发送数据给伺服端,其程序如下所示。

```
1  Private Sub Command3_Click()
2    If Winsock1.State = sckConnected Then
3      Winsock1.SendData Text3.Text
4      Text3.Text = ""
5    Else
6      MsgBox "未与主机链接!"
```

```
7    End If
8  End Sub
```

6. Winsock1_DataArrival 事件(接收数据)

接收数据的程序如下。

```
1  Private Sub Winsock1_DataArrival(ByVal bytesTotal As Long)
2    Dim server_data As String
3    Winsock1.GetData server_data, vbString
4    Text2.Text = server_data
5  End Sub
```

26.2.3 执 行

同一区域网络内,各个浏览端可与伺服端进行数据的交换,其执行的画面如图 25.6 所示。

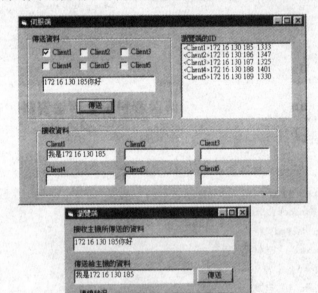

图 26.6 执行的画面

26.3 Winsock 与监控系统

由 26.2 节介绍可以了解到 TCP 协议的 Winsock 使用方法,并且整理出其固定的模式,分别如下所示。

伺服端:

① 控制项的设置及载入。

② 建立浏览端的链接。

③ 浏览端的离线。
④ 接收数据。
⑤ 发送数据。

浏览端：
① 设置链接状况的检测时间。
② 建立链接。
③ 离线。
④ 检测链接状况。
⑤ 发送数据。
⑥ 接收数据。

下面将通过一个实例来说明网络化的监控系统及程序设计的基本技巧，假设监控状况如下所示。

- 伺服端以半双工的串行通信来监控 0 号 PLC 的 M0 及 D0 的状况。
- 伺服端与浏览端均可监控及控制 PLC。

当 PLC 的通信参数已设置好且 PLC 已于运行状态时，即可以开始建立伺服端及浏览端的对话框画面，及设计所需要的程序。

26.3.1 伺服端

伺服端的对话框画面，如图 26.7 所示。此专案中，须于一般模块内载入 chksum、stx_chk、hex_doc 及 doc_hex 等程序，而在对话框的模块中，其程序设计的模式如下所示。

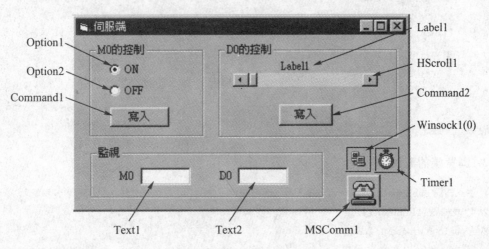

图 26.7 伺服端的对话框画面

1. 控制项的设置及载入

其包含用于半双工监控的程序。

```
1    Private Sub Form_Load()
2        MSComm1.CommPort = 1
3        MSComm1.Settings = "9600,n,7,1"
4        MSComm1.PortOpen = True
```

```
5    Timer1.Interval = 10
6    Timer1.Enabled = True
7    Dim i As Byte
8    num_client = 6
9    Winsock1(0).Protocol = sckTCPProtocol
10   Winsock1(0).LocalPort = 1045
11   Winsock1(0).Listen
12   For i = 1 To num_client
13      Load Winsock1(i)
14   Next
15   Text1.Text = ""
16   Text2.Text = ""
17   Label1.Caption = 0
18   Option1.Value = True
19   End Sub
```

2. 建立浏览端的链接

其程序设计如下所示。

```
1    Private Sub Winsock1_ConnectionRequest
2              (Index As Integer, ByVal requestID As Long)
3    Dim i As Byte
4    Dim client_id As String
5    For i = 1 To num_client
6      If Winsock1(i).State = sckClosed Then
7        Winsock1(i).Accept requestID
8        Exit For
9      End If
10   Next
11   End Sub
```

3. 浏览端的离线

```
1    Private Sub Winsock1_Close(Index As Integer)
2    Winsock1(Index).Close
3    Unload Winsock1(Index)
4    Load Winsock1(Index)
5    End Sub
```

4. 接收数据

伺服端将接收到的数据写入 PLC, 此即为用于各个浏览端的控制 PLC 程序。

```
1    Private Sub Winsock1_DataArrival
2              (Index As Integer, ByVal bytesTotal As Long)
3    On Error Resume Next
```

第26章 网络的应用

```
4     Dim client_data As String
5     Winsock1(Index).GetData client_data, vbString
6     MSComm1.Output = Chr(5) + client_data
7   End Sub
```

5. 发送数据

伺服端接收到 PLC 回应的数据后,将此数据传送给各个浏览端,用于各个浏览端的监控 PLC 的程序。

```
1   Private Sub Timer1_Timer()
2     Dim delay_time As Double
3     Dim delay_start As Double
4     Dim delay_chk As Double
5     Dim in_buffer As String
6     MSComm1.InBufferCount = 0
7     MSComm1.Output = Chr(5) + "00FFBR0M0000011E"
8     delay_time = 0.1
9     delay_start = Timer
10    Do
11      delay_chk = delay_start + delay_time
12    Loop Until Timer > delay_chk
13    in_buffer = MSComm1.Input
14    If stx_chk(in_buffer) = 1 Then
15      Select Case Mid(in_buffer, 6, 1)
16        Case "0"
17          Text1.Text = "OFF"
18        Case "1"
19          Text1.Text = "ON"
20      End Select
21      Dim i As Byte
22      For i = 1 To num_client
23        If Winsock1(i).State = sckConnected Then
24          Winsock1(i).SendData in_buffer
25          DoEvents
26        End If
27      Next
28    End If
29    MSComm1.Output = Chr(5) + "00FFWR0D0000012A"
30    delay_start = Timer
31    Do
32      delay_chk = delay_start + delay_time
33    Loop Until Timer > delay_chk
34    in_buffer = MSComm1.Input
```

```
35    If stx_chk(in_buffer) = 1 Then
36        Text2.Text = hex_doc(Mid(in_buffer, 6, 4))
37        For i = 1 To num_client
38            If Winsock1(i).State = sckConnected Then
39                Winsock1(i).SendData in_buffer
40                DoEvents
41            End If
42        Next
43    End If
44  End Sub
```

6. 伺服端自用的项目

其包含伺服端自行控制 PLC 所用的程序及其他用于网络链接的程序。

```
1   Private Sub Command1_Click()
2     If Option1.Value = True Then
3       MSComm1.Output = Chr(5) + "00FFBW0M000001154"
4     End If
5     If Option2.Value = True Then
6       MSComm1.Output = Chr(5) + "00FFBW0M000001053"
7     End If
8   End Sub
9   Private Sub Command2_Click()
10    Dim send_data As String
11    send_data = doc_hex(HScroll1.Value)
12    send_data = "00FFWW0D000001" + send_data
13    MSComm1.Output = Chr(5) + send_data + chksum(send_data)
14  End Sub
15  Private Sub HScroll1_Scroll()
16    Label1.Caption = HScroll1.Value
17  End Sub
```

26.3.2 浏览端

浏览端的对话框画面，如图 26.8 所示。此专案中，须于一般模块内载入 chksum、stx_chk、hex_doc 及 doc_hex 等程序，而在对话框的模块中，其程序设计的模式如下所示。

1. 设置链接状况的检测时间

```
1   Private Sub Form_Load()
2     Timer1.Interval = 3000
3     Timer1.Enabled = True
4     Text3.Text = "离线中！"
5   End Sub
```

第26章 网络的应用

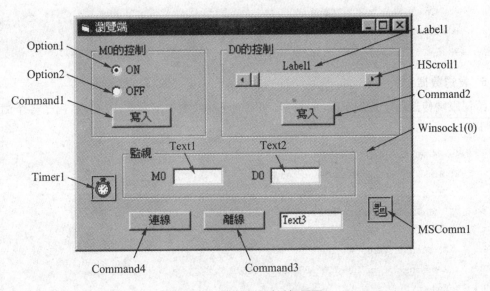

图 26.8 浏览端的对话框画面

2. 建立链接

```
1   Private Sub Command4_Click()
2     If Winsock1.State = sckClosed Then
3       Winsock1.Protocol = sckTCPProtocol
4       Winsock1.RemoteHost = "172.16.130.184"
5       Winsock1.RemotePort = 1045
6       Winsock1.Connect
7     End If
8   End Sub
```

3. 离 线

```
1   Private Sub Command3_Click()
2     If Winsock1.State = sckConnected Then
3       Winsock1.Close
4     End If
5   End Sub
```

4. 检测链接状况

```
1   Private Sub Timer1_Timer()
2     Select Case Winsock1.State
3       Case sckConnected
4         Text3.Text = "已连线!"
5       Case sckClosed
6         Text3.Text = "已离线!"
7       Case sckError
```

```
8        Text3.Text = "主机断线!"
9      End Select
10   End Sub
```

5. 发送数据

给伺服端传送用于控制 PLC 的数据,伺服端于接收数据后写入 PLC 内,用于各个浏览端控制 PLC。

```
1    Private Sub Command1_Click()
2       If Winsock1.State = sckConnected Then
3          If Option1.Value = True Then
4             Winsock1.SendData "00FFBW0M000001154"
5          End If
6          If Option2.Value = True Then
7             Winsock1.SendData "00FFBW0M000001053"
8          End If
9       Else
10         MsgBox "未与主机链接!"
11      End If
12   End Sub
13   Private Sub Command2_Click()
14      If Winsock1.State = sckConnected Then
15         Dim send_data As String
16         send_data = doc_hex(HScroll1.Value)
17         send_data = "00FFWW0D000001" + send_data
18         send_data = send_data + chksum(send_data)
19         Winsock1.SendData send_data
20      Else
21         MsgBox "未与主机链接!"
22      End If
23   End Sub
```

6. 接收数据

此为各个浏览端用于监控 PLC 的程序。

```
1    Private Sub Winsock1_DataArrival(ByVal bytesTotal As Long)
2       On Error Resume Next
3       Dim server_data As String
4       Winsock1.GetData server_data, vbString
5       If Len(server_data) = 9 Then
6          Select Case Mid(server_data, 6, 1)
7             Case "0"
8                Text1.Text = "OFF"
9             Case "1"
```

```
10              Text1.Text = "ON"
11          End Select
12      Else
13          Text2.Text = hex_doc(Mid(server_data, 6, 4))
14      End If
15  End Sub
```

26.3.3 执 行

同一区域网络内,伺服端及各个浏览端均可监控 PLC,其执行的画面如图 26.9 所示。

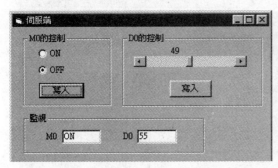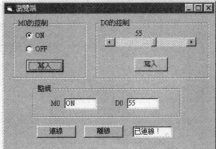

图 26.9 执行的画面

26.4 网络化的监控实例

26.3 节介绍了基本的网络化监控系统,然而在一般的网络化监控系统中,主要是以伺服端来监控 PLC,而各个浏览端较少去"控制"PLC,主要以"监控"为主,这是因为浏览端是利用网络线与伺服端作数据的传输,且各个浏览端的使用者不一定具有机电控制的专业技能,所以为避免因网络线路的断信及避免操作者随意控制 PLC,各个浏览端以"监控"为主。

第 25 章中已建立了可视化的监控系统,而此监控系统能够轻易地实现网络化。事实上,在建立网络化的监控系统之前,须先建立如同第 25 章的单机式监控系统,再由此系统来增加网络化的功能,建立的步骤如下:

① 建立单机式的监控系统。

② 建立了单机式的监控系统后,将此专案再复制一份,其中一份用于伺服端,另一份用于浏览端。

③ 在伺服端的专案中,修改及增加用于网络化监控系统的程序。

④ 在浏览端的专案中,修改及增加用于网络化监控系统的程序。

⑤ 将开发完成的 VB 专案经过封装提供给各个浏览端使用。

本节以第 25 章中建立的全双工(Ⅱ)实例作为监控系统网络化的说明,且须取消其中各个浏览端"控制"的功能。

26.4.1 伺服端

伺服端的对话框画面差异点如图 26.10 所示。其程序仅需增加用于网络链接的程序,如下所示。

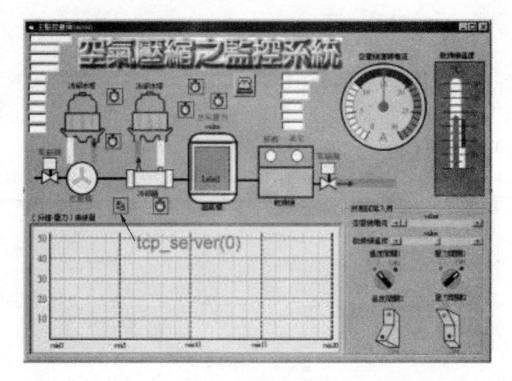

图 26.10 伺服端的对话框画面

1. 控制项的设置及载入

Form_Load 事件中须增加此项程序。

```
1  Clients = 6
2  tcp_server(0).Protocol = sckTCPProtocol
3  tcp_server(0).LocalPort = 1045
4  tcp_server(0).Listen
5  For i = 1 To Clients
6    Load tcp_server(i)
7  Next
```

2. 建立浏览端的链接信息

```
1   Private Sub tcp_server_ConnectionRequest
2              (Index As Integer, ByVal requestID As Long)
3     Dim i As Byte
4     For i = 1 To Clients
5       If tcp_server(i).State = sckClosed Then
6         tcp_server(i).Accept requestID
7         Exit For
8       End If
9     Next
10  End Sub
```

3. 浏览端的离线

```
1  Private Sub tcp_server_Close(Index As Integer)
2      tcp_server(Index).Close
3      Unload tcp_server(Index)
4      Load tcp_server(Index)
5  End Sub
```

4. 发送数据

receive_1_Timer 的事件中,仅须于 If stx_chk(in_buffer) = 1 Then 的语句内增加此项程序,增加的程序如下所示。

```
1  For i = 1 To Clients
2      If tcp_server(i).State = sckConnected Then
3          tcp_server(i).SendData in_buffer
4          DoEvents
5      End If
6  Next
```

26.4.2 浏览端

浏览端的对话框画面差异点如图 26.11 所示。

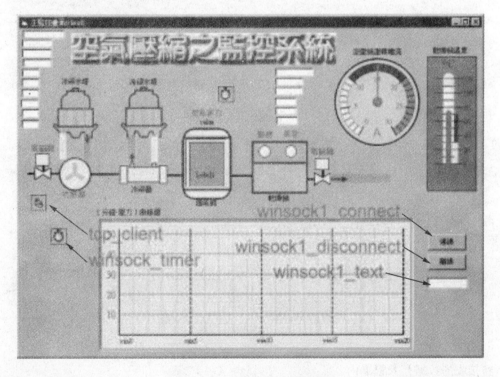

图 26.11 伺服端的对话框画面

浏览端中,因没有与 PLC 串行通信的项目,所以先取消 MSComm 元件及用于通信的程

FX系列PLC的链接通信及VB图形监控

序,且浏览端不须控制 PLC,所以也将原程序中的控制项目全数清除。清除完成后,接下来即为增加用于网络连线的程序,如下所示。

1. 设置链接状况的检测时间

Form_Load 事件中,增加此项程序。

```
1   winsock1_timer.Interval = 3000
2   winsock1_timer.Enabled = True
3   winsock1_text.Text = "离线中!"
```

2. 建立链接

```
1   Private Sub winsock1_connect_Click()
2       If tcp_client.State = sckClosed Then
3           tcp_client.Protocol = sckTCPProtocol
4           tcp_client.RemoteHost = "172.16.130.184"
5           tcp_client.RemotePort = 1045
6           tcp_client.Connect
7       End If
8   End Sub
```

3. 离　线

```
1   Private Sub winsock1_disconnect_Click()
2       If tcp_client.State = sckConnected Then
3           tcp_client.Close
4       End If
5   End Sub
```

4. 检测链接状况

```
1   Private Sub winsock1_timer_Timer()
2       Select Case tcp_client.State
3           Case sckConnected
4               winsock1_text.Text = "已连线!"
5           Case sckClosed
6               winsock1_text.Text = "已离线!"
7           Case sckError
8               winsock1_text.Text = "主机断线!"
9       End Select
10  End Sub
```

5. 接收数据

将接收的数据存入管道内。

```
1   Private Sub tcp_client_DataArrival(ByVal bytesTotal As Long)
2     Dim strData As String
3     tcp_client.GetData strData, vbString
4     Select Case Mid(strData, 2, 2)
5       Case "00"
6         cycle_0_1.Text = strData
7       Case "01"
8         cycle_1_1.Text = strData
9     End Select
10  End Sub
```

26.4.3 执 行

伺服端及浏览端的程序测试完成后,可经过封装提供给各个浏览端使用,本实例执行的画面,如图 26.12(伺服端)及图 26.13(浏览端)所示。

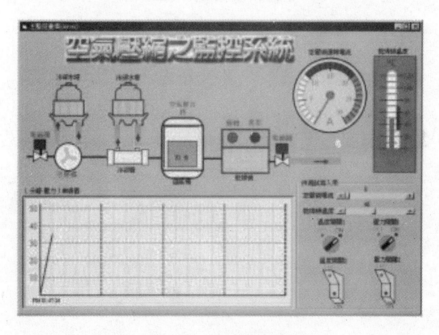

图 26.12 伺服端的执行画面

FX系列PLC的链接通信及VB图形监控

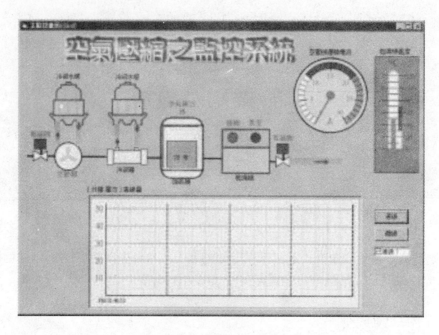

图 26.13　浏览端的执行画面

附录 A 本书光盘内容

表 A-1 光盘内容

路径	说明
2_3_4	第 6.4 节中实例的 VB 程序
4_6_2	第 18.2 节中实例的 VB 程序
4_6_4	第 18.4 节中实例的 VB 程序
4_7	第 19 章中实例的 VB 程序
chksum	第 20.1 节中实例的 VB 程序
stx_chk	第 20.2 节中实例的 VB 程序
hex_doc	第 20.3 节中实例的 VB 程序
doc_hex	第 20.4 节中实例的 VB 程序
hex_bit	第 20.5 节中实例的 VB 程序
hex4_doc_mux	第 20.6 节中实例的 VB 程序
hex8_doc_mux	第 20.7 节中实例的 VB 程序
doc_hex4_mux	第 20.8 节中实例的 VB 程序
doc_hex8_mux	第 20.9 节中实例的 VB 程序
Time_1	第 21.1 节中实例的 VB 程序
Time_4	第 21.2 节中实例的 VB 程序
Time_2	第 21.3 节中实例的 VB 程序
ans_1	第 21.4.1 节之 4.1 中实例的 VB 程序
ans_4	第 21.4.2 节中实例的 VB 程序
ans_2	第 21.4.3 节中实例的 VB 程序
cycle_1	第 21.1.1 节中实例的 VB 程序
cycle_4	第 21.1.1 中实例的 VB 程序
cycle_2	第 22.1.3 节中实例的 VB 程序
stx_r_1	第 22.2.1 节中实例的 VB 程序
stx_r_4	第 22.2.2 节中实例的 VB 程序
stx_r_2	第 22.2.3 节中实例的 VB 程序
t_out_1	第 22.3.1 节中实例的 VB 程序
t_out_2	第 22.3.2 节中实例的 VB 程序
ack_c_1	第 23.1.1 节中实例的 VB 程序
tt_c_1	第 23.1.2 节中实例的 VB 程序
w_bit	第 23.2 节中实例的 VB 程序
w_word	第 23.3 节中实例的 VB 程序
half	第 24.1 节中实例的 VB 程序

续表 A-1

路径	说明
full	第24.2节中实例的VB程序
visual_1	第24.4节中实例的VB程序
visual_4	第24.5节中实例的VB程序
visual_2	第24.6节中实例的VB程序
tcp_ser	第25.2节中伺服端的VB程序
tcp_clie	第25.2节中浏览端的VB程序
ser_ex	第25.3节中伺服端的VB程序
clie_ex	第25.3节中浏览端的VB程序
mmi_ser	第25.4节中伺服端的VB程序
mmi_clie	第25.4节中浏览端的VB程序
picture	第24章中所建立的图形

注：①请将上述路径内的文件复制至 C:\fx_edu\下。
②请以 VB6.0 专业版或企业版来打开上述的 VB 程序。

附录 B ASCII 码表

表 B-1 ASCII 码表

进制		PLC	PC	进制		PLC	PC
十	十六			十	十六		
0	0		NULL	21	15	NAK	
1	1	SOH		22	16	SYN	
2	2	STX		23	17	ETB	
3	3	ETX		24	18	CAN	
4	4	EOT		25	19	EM	
5	5	ENQ		26	1A	SUB	
6	6	ACK		27	1B	ESC	
7	7	BEL		28	1C	FS	
8	8	BS		29	1D	GS	
9	9	HT		30	1E	RS	
10	A	LF		31	1F	US	
11	B	VT		32	20	SP	
12	C	FF		33	21	!	!
13	D	CR		34	22	"	"
14	E	SOH		35	23	#	#
15	F	SI		36	24	$	$

续表 B-1

进制		PLC	PC	进制		PLC	PC
十	十六			十	十六		
16	10	DLE		37	25	%	%
17	11	DC1		38	26	&	&
18	12	DC2		39	27	'	'
19	13	DC3		40	28	(	(
20	14	DC4		41	29	)	)
42	2A	*	*	65	41	A	A
43	2B	+	+	66	42	B	B
44	2C	,	,	67	44	C	C
45	2D	-	-	68	44	D	D
46	2E	.	.	69	45	E	E
47	2F	/	/	70	46	F	F
48	30	0	0	71	47	G	G
49	31	1	1	72	48	H	H
50	32	2	2	73	49	I	I
51	33	3	3	74	4A	J	J
52	34	4	4	75	4B	K	K
53	35	5	5	76	4C	L	L
54	36	6	6	77	4D	M	M
55	37	7	7	78	4E	N	N
56	38	8	8	79	4F	O	O
57	39	9	9	80	50	P	P
58	3A	:	:	81	51	Q	Q
59	3B	;	;	82	52	R	R
60	3C	<	<	83	55	S	S
61	3D	=	=	84	55	T	T
62	3E	>	>	85	55	U	U
63	3F	?	?	86	56	V	V
64	40	@	@	87	57	W	W
88	58	X	X	108	6C	l	l
89	59	Y	Y	109	6D	m	m
90	5A	Z	Z	110	6E	n	n
91	5B	[	[	111	6F	o	o
92	5C	\	\	112	70	p	p
93	5D	]	]	113	71	q	q
94	5E	^	^	114	72	r	r

续表 B-1

进制		PLC	PC	进制		PLC	PC
十	十六			十	十六		
95	5F	—	—	115	73	s	s
96	60	`	`	116	74	t	t
97	61	a	a	117	75	u	u
98	62	b	b	118	76	v	v
99	66	c	c	119	77	w	w
100	66	d	d	120	78	x	x
101	66	e	e	121	79	y	y
102	66	f	f	122	7A	z	z
103	67	g	g	123	7B	{	{
104	68	h	h	124	7C	|	|
105	69	i	i	125	7D	}	}
106	6A	j	j	126	7E	~	~
107	6B	k	k	127	7F	DEL	

附录 C 各指令的最多元件数

表 C-1 各指令最多元件数列表

指令	内容	每次通信的最多元件数	
		FX0N,FX1S	FX,FX2C,FX1N,FX2N,FX2NC
BR	读取 X,Y,M,S,TS,CS 元件①	54 点	256 点
WR	读取 X,Y,M,S 元件③	208 点	512 点
	读取 D,TN,CN 元件①	13 点	64 点
BW	写入 X,Y,M,S,TS,CS 元件	46 点	160 点
WW	写入 X,Y,M,S 元件④	160 点	160 点
	写入 D,TN,CN 元件②	11 点	64 点
BT	写入 X,Y,M,S,TS,CS 元件	10 点	20 点
WT	写入 X,Y,M,S 元件④	96 点	160 点
	写入 D,TN,CN 元件②	6 点	10 点
On-demand	D 元件的最大传送数	13 点	64 点
TT	确认通信的最多字符数	25 个字符	254 个字符

注:① TS(Timer contacts)及 CS(Counter contacts)为计时器及计数器的接点;TN(Timer current value)及 CN(Counter current value)为计时器及计数器的计时或计数中的值。
② FX 系列中,CN200~CN255 为 32 位的计数器,所以读取或写入中是以 8 个十六进制的字符来表示的。
③ 当计算机以 WR 读取位元件时,PLC 是以每 4 位元件值转换为十六进制的字符来传送,如图 C-1 所示。
④ 当计算机以 WW,WT 写入位元件时,则 PLC 接收到十六进制的字符后,再将每个字符依序写入 4 位元件中,如图 C-2 所示。

计算机发送的数据:

| ENQ | 0 | 1 | F | F | W | R | 0 | M | 0 | 0 | 1 | 0 | 0 | 2 | 3 | 6 |

PLC以每4位元件值转换为十六进制的字符:

M41	M40	M39	M38	M37	M36	M35	M34	M33	M32	M31	M30	M29	M28	M27	M26	M25	M24	M23	M22	M21	M20	M19	M18	M17	M16	M15	M14	M13	M12	M11	M10
1	1	1	1	0	0	1	0	1	0	1	1	0	1	0	1	1	1	1	0	1	1	0	0	0	1	1	1	0	1	1	0
F				2				B				5				E				C				7				6			

PLC发送的数据:

| STX | 0 | 1 | F | F | E | C | 7 | 6 | F | 2 | B | 5 | ETX | D | 4 |

图 C-1 WR 指令的应用

计算机发送的数据:

| ENQ | 0 | 1 | F | F | W | W | 0 | M | 0 | 0 | 1 | 0 | 0 | 2 | E | C | 7 | 6 | F | 2 | B | 5 | 1 | F |

PLC将每个字符件依序写入4位元件中:

M41	M40	M39	M38	M37	M36	M35	M34	M33	M32	M31	M30	M29	M28	M27	M26	M25	M24	M23	M22	M21	M20	M19	M18	M17	M16	M15	M14	M13	M12	M11	M10
1	1	1	1	0	0	1	0	1	0	1	1	0	1	0	1	1	1	1	0	1	1	0	0	0	1	1	1	0	1	1	0
F				2				B				5				E				C				7				6			

图 C-2 WW 指令的应用

附录 D 各指令适用的元件范围

1. 位元件

表 D-1 位元件列表

元件	元件范围					指令	
	FX0N	FX1S	FX,FX2C	FX1N	FX2N,FX2NC	BR WR BT	BW WW WT
X	X0~X177	X0~X17	X0~X337	X0~X177	X0~X267	可用	可用
Y	Y0~Y177	Y0~Y15	Y0~Y337	Y0~Y177	Y0~Y267		
M	M0~M511 M8000~M8254		M0~M1535 M8000~M8255		M0~M3071 M8000~M8255		
S	S0~S127		S0~S999				
T	TS0~TS63		TS~TS255				X
C S	CS0~CS31 CS235~CS254		CS0~CS255				

2. Word 元件

表 D-2 Word 元件列表

元件	元件范围				指令		
	FX0N	FX1S	FX,FX2C	FX1N,FX2N FX2NC	BR BW BT	WR WW	WT
D①	D0~D255		D0~D999	D0~D7999	不可用	可用	可用
D②	D1000~D2499	……	D1000~D2999	……			
D③	……	……	D6000~D7999	……			
D④	D8000~D8255						
TN	TN0~TN63		TN0~TN255				可用
CN	CN0~CN31 CN235~CN254		CN0~CN255				可用⑤

注：① 为数据寄存器。
② 为文件寄存器。
③ 为缓冲寄存器。
④ 为特殊寄存器。
⑤ 于 WT 指令时，不得写入 32 位的计数器及高数计数器，仅能写入 CN0~CN199。

附录 E　PLC 形式代码表

表 E-1　PLC 形式代码列表

形　式	代　码	形　式	代　码
FX1S	F2	A2USCPU	82
FX0N	8E	A2CPY_A1	83
		A2USCPU_S1	
FX1N	9E	A3ACPU	94
FX2N,FX2NC	9D	A3HCPU,A3MCPU	A4
A0J2HCPU	98	A3UCPU	84
A1CPU,A1NCPU	A1	A4UCPU	85
A1SCPU,A1SJCPU	98	A52GCPU	9A
A2CPU(-S1)	A2	A73CPU	A3
A2NCPU(-S1)			
A2SCPU			
A2ACPU	92	A7LAS~F	A3
A2ACPU_S1	93	AJ72P25/R25	AB
A2CCPU	9A	AJ72LP25/BR15	8B

附录 F 错误码

表 F-1 错误码列表

错误码	内容
02	PLC 接收到计算机所发送的数据后,若判定数据的校验码错误,则 PLC 回应此错误码
03	PLC 的 D8120 设定错误。如 D8120 内设定起码时,则每次通信中,PLC 都会回应此错误码
06	计算机传送的数据中,超出附录 C 及附录 D 的范围时,PLC 会回应此错误码
07	计算机写入 PLC 的 Word 元件时,若其发送的元件值不为十六进制的字符,PLC 会回应此错误码
10	计算机发送的数据中,其计算机编码不为"FF"时,PLC 会回应此错误码
18	RR 或 RS 指令的错误。如 PLC 已于 Run,若计算机发送 RR 指令,则 PLC 会回应此错误码

参考文献

1. 黄世阳,吴明哲,何嘉益,等.Visual Basic 6.0 学习范本.松岗计算机图书数据股份有限公司出版,1999.
2. 范逸之,陈立元,孙德萱,等.Visual Basic 与串并行通信控制实务.文魁资讯股份有限公司出版,2000.
3. 廖文辉,周至宏.图形监控.全华科技图书股份有限公司出版,2000.
4. 陈峰棋.Visual Basic 网络应用程序设计.知城数位科技股份有限公司出版,2002.
5. 三菱电机有限公司.FX 通信(RS232C,RS485)用户手册,2000.